涡轮叶片流动控制冷却技术

刘建 席文雄 刘朝阳 桑登·本特(Sunden Bengt) 著

国防工业出版社

·北京·

内容简介

本书主要介绍了一种通过流动控制设计来实现高效涡轮叶片冷却的方法。该方法通过改进冷热流体的掺混程度，极大地提高了低换热区域的换热效率。书中详细阐述了叶片内部冷却和端壁气膜冷却两个方面的内容。在叶片内部冷却方面，介绍了截断肋片、带孔肋片以及倾斜孔肋片三种类型，通过控制相关几何构型和流动方式，实现强化换热。在端壁气膜冷却方面，进行了前缘端壁、端壁全范围的气膜孔排布设计，引入新的设计思想，实现气膜全范围覆盖。这些方法能有效提高气膜的冷却效果，对于保护涡轮叶片，提高其使用寿命具有重要作用。

本书适用于航空航天、能源等相关领域的研究人员和技术人员，以及高校相关专业的学生阅读参考。

图书在版编目(CIP)数据

涡轮叶片流动控制冷却技术/刘建等著. —北京：国防工业出版社，2024.8. —ISBN 978 – 7 – 118 – 13453 – 7

Ⅰ.TK14

中国国家版本馆 CIP 数据核字第 2024KC3635 号

※

国防工业出版社出版发行
(北京市海淀区紫竹院南路23号　邮政编码100048)
三河市天利华印刷装订有限公司印刷
新华书店经售

*

开本 710×1000　1/16　印张 12½　字数 220 千字
2024 年 8 月第 1 版第 1 次印刷　印数 1—1500 册　定价 98.00 元

(本书如有印装错误，我社负责调换)

国防书店:(010)88540777　　书店传真:(010)88540776
发行业务:(010)88540717　　发行传真:(010)88540762

前言

涡轮叶片冷却技术是内燃机、涡轮机等动力设备中使用的关键技术,涡轮叶片冷却技术的研发和应用已经取得了重大的进展,特别是在材料科学和热流体力学的应用方面,美国、德国等发达国家的研究机构和企业在这一领域投入巨大的研发经费,取得了一系列创新成果。这些成果主要体现在高效的冷却设计、新型高温耐热材料的开发以及冷却效率的优化等方面。例如,通过采用复杂的内部冷却通道设计和表面冷却技术,极大地提高了涡轮叶片在极端高温环境下的耐久性和稳定性。中国在动力设备领域的研究主要集中在高效冷却技术的开发和应用,尤其是在航空发动机和大型燃气轮机等领域。国内研究者通过引进和消化吸收国外先进技术,结合中国特有的工业环境和需求,开发出适合国内使用的高效冷却技术。同时,国内的研究机构和高校也在加强对基础理论研究的重视,如对流体动力学和热传导理论的深入研究,以提升冷却技术的理论研究基础和工程应用能力。

本书全面探讨涡轮叶片流动控制冷却技术的研究现状和发展趋势。首先,详细介绍传统常规冷却技术的基本原理和局限性,随后深入分析流动控制冷却技术的工作原理和优势;同时,对涡轮叶片流动控制冷却技术进行研究,并对其在实际工程应用中的前景进行展望。本书的出版,将有助于读者更深入地了解涡轮叶片冷却技术的发展和应用,为相关领域的研究和实践提供有价值的参考。

本书的撰写工作由一个专业团队共同完成,每个成员都为本书的出版做出了巨大的贡献。刘建博士负责了整本书的框架设计和内容协调工作,此外,他还与桑登·本特教授建立起实验平台,负责实验设计和数据收集;刘朝阳博士担任数据分析师,负责处理实验数据,运用统计方法进行深入分析,同时协助进行实验设计和数据校验;席文雄博士专注于文献综述和理论研究,负责收集和整理与本书研究主题相关的文献资料。最后,刘建博士负责书稿撰写和统稿,确保这些研究成果的书面表达清晰、准确。整个团队在各自领域的专业技能和紧密协作是本书顺利出版的关键。

此外，对许多专家学者在本书的撰稿过程中提出了很多宝贵的意见和建议，表示由衷谢意。特别感谢许梦瑶、刘鹏超、张镕迪、张希蕊、徐辉、文启哲、邵琪涵、郭文杰等在文献收集与资料整理过程中给予的帮助。同时，也要感谢国防工业出版社编辑们的大力支持和帮助，使得本书得以顺利出版。最后，我们希望本书能够为读者带来有益的启示和收获，为涡轮叶片流动控制冷却技术的研究和应用做出贡献。

作者

2024年1月

符号表

拉丁字母

A	所选区域(m^2)
C	叶片弦长(m)
C_p	压力系数
d	气膜孔直径(m)
D	叶片前缘和上游气膜孔距离
D_h	水力直径(m)
e	肋片高度(m)
f	范宁摩擦因数
f_0	光滑通道范宁摩擦因数
F	气膜孔质量流量比
H	通道高度(m)
h	换热系数(W/($m^2 \cdot$ K))
I_{hole}	带孔肋片间隔(m)
k	湍流动能(m^2/s^2)
$L_{channel}$	通道总长(m)
L_{hole}	带孔肋片长度(m)
L_{back}	下游扩展通道长度(m)
L_{front}	上游扩展通道长度(m)
Nu	努塞尔数
Nu_0	光滑平面努塞尔数
$\overline{Nu}$	平均努塞尔数
P	肋片间距(m)

Pr	普朗特数
p	压力(Pa)
p_{ref}	参考压力(Pa)
q_w	壁面热流(W/m^2)
q_{loss}	热损失(W/m^2)
R	倒角(cm)
Re	雷诺数
S	狭缝质量流量比
S_p	叶片间隔(m)
T	温度(K)
T_c	冷却剂温度(K)
T_g	主流温度(K)
T_f	流体温度(K)
T_w	壁面温度(K)
u	流速(m/s)
x	流向(m)
y	横向(m)
z	纵向(m)
W	通道宽度(m)

希腊字母

α	肋片倾斜角度(°)
β	气膜孔横向倾斜角度(°)
η	气膜冷却效率
θ	孔隙率
ΔL	肋片截断长度(m)
Δp	压降(Pa)
λ	热导率(W/(m·K))
μ	流体动力黏度(Pa·s)
ρ	流体密度(kg/m^3)

下标

1	第一排气膜孔
2	第二排气膜孔
b	底面
c	冷却剂
f	流体
in	进口
m	平均
max	最大
out	出口
s	光滑通道
vane	叶片
w	壁面

目录

第1章 绪论 ·· 001
　1.1 涡轮叶片内部冷却技术 ··· 001
　1.2 涡轮叶片外部冷却技术 ··· 007
　　1.2.1 平板气膜冷却 ·· 008
　　1.2.2 端壁气膜冷却 ·· 009
　1.3 分形(构形)理论 ··· 012
　1.4 气体物性影响 ·· 014

第2章 实验与仿真方法 ·· 016
　2.1 液晶测温技术 ·· 016
　　2.1.1 液晶测温简介 ·· 016
　　2.1.2 液晶的校样 ·· 016
　2.2 实验系统 ··· 018
　　2.2.1 液晶实验台简介 ··· 018
　　2.2.2 实验台验证 ·· 019
　　2.2.3 实验台基本流动参数 ·· 020
　2.3 数据处理与不确定性分析 ··· 022
　2.4 数值模拟方法 ·· 023
　　2.4.1 直接数值模拟 ·· 025
　　2.4.2 非直接数值模拟 ··· 025
　2.5 RANS 湍流模型 ··· 028
　　2.5.1 模型原理 ·· 028
　　2.5.2 壁函数 ·· 029
　　2.5.3 模型简介 ·· 031
　2.6 气体模型 ··· 033

第3章 内部冷却肋片通道设计 ········ 035

3.1 截断肋片通道设计 ········ 035
3.1.1 实验方法 ········ 035
3.1.2 计算方法 ········ 037
3.1.3 结果分析 ········ 039
3.1.4 小结 ········ 050

3.2 内部冷却分型肋片设计 ········ 051
3.2.1 实验方法 ········ 051
3.2.2 计算方法 ········ 054
3.2.3 结果分析 ········ 059
3.2.4 小结 ········ 067

3.3 带孔肋片设计 ········ 068
3.3.1 实验方法 ········ 068
3.3.2 计算方法 ········ 070
3.3.3 结果分析 ········ 073
3.3.4 小结 ········ 085

3.4 倾斜孔肋片设计 ········ 086
3.4.1 实验方法 ········ 086
3.4.2 计算方法 ········ 089
3.4.3 结果分析 ········ 091
3.4.4 小结 ········ 104

第4章 端壁气膜冷却设计 ········ 106

4.1 端壁前缘气膜孔排布 ········ 106
4.1.1 计算域及参数 ········ 106
4.1.2 计算方法 ········ 107
4.1.3 结果分析 ········ 111
4.1.4 小结 ········ 126

4.2 端壁全范围排布 ········ 126
4.2.1 计算域及参数 ········ 126
4.2.2 计算方法 ········ 129
4.2.3 结果分析 ········ 135
4.2.4 小结 ········ 143

4.3 分型四孔全范围排布 ········ 144
4.3.1 计算域及参数 ········ 144

  4.3.2 计算方法 …………………………………………… 147
  4.3.3 结果分析 …………………………………………… 151
  4.3.4 小结 ………………………………………………… 158
 4.4 气体物性的影响 ………………………………………… 158
  4.4.1 计算域及参数 ……………………………………… 158
  4.4.2 计算方法 …………………………………………… 160
  4.4.3 结果分析 …………………………………………… 165
  4.4.4 小结 ………………………………………………… 173

第5章 总结与展望 ……………………………………………… 175
 5.1 总结 ……………………………………………………… 175
 5.2 展望 ……………………………………………………… 178

参考文献 ……………………………………………………………… 180

第1章
绪论

1.1 涡轮叶片内部冷却技术

燃气轮机是以连续流动气体为工质带动叶轮高速旋转,将燃料的能量转变为有用功的内燃式动力机械,是一种旋转叶轮式热力发动机。为了提高热效率和最大输出功,燃气轮机设计的进口温度越来越高,燃烧室出来的燃气的温度已远超过涡轮叶片材料本身的熔点。与此同时,未来先进燃气轮机和航空发动机设计中,涡轮进口温度仍在不断提高。针对不断提高的涡轮进口温度,除了采用耐高温的叶片材料使叶片温度保持在材料熔点之内,涡轮叶片同时还采用主动冷却方式,特别是第一级导向叶片(简称导叶)。涡轮主动冷却通常采用空心叶片的设计和复杂的主动冷却技术使叶片进一步降温,涡轮主动冷却方法主要分为内部以对流强化换热和外部以气膜冷却为主的冷却方式[1],具体包括气膜冷却、冲击冷却、肋片扰流冷却和扰流柱冷却等,如图1.1所示。

在叶片内部通常采用肋片结构来产生二次流,增强对流换热效果。肋片结构也称为粗糙结构或扰流发生器,其原理是通过在肋片之间破坏原有的边界层,引发流动冲击,引导流体在两个肋片之间重新附着并重新发展边界层,从而提高对流换热系数[2-3]。

关于涡轮叶片内部肋片通道冷却问题已开展了大量的基础研究,包括肋片形状、长径比、间距比(P/e)、堵塞比(e/D_h)、主流攻角、肋片倾角、排列方式(交错或平行)和旋转等方面的设计、分析和优化研究等[1-3]。从积累的研究成果发现,尽管肋片通道结构在增强对流换热方面发挥着积极的作用,但也伴随着显著的压降损失和较低的综合热力学性能。近年来,Chung等[4]在矩形通道中使用不同宽高比的交错肋片来增强换热性能,研究中发现,采用带倾角的肋片交错结构可在相交区域产生额外的强化涡结构,显著提高了肋片换热传质性能,这种强化机制类似于倾斜肋片的工作原理,如图 1.2 所示。Alfarawi 等[5]测量了混合肋片布置的矩形管道的强化换热系数,他们发现,相对于矩形和半圆形肋片的单独设计,混合肋片布置在考虑压降损失的情况下展现出更好的综合热学性能,同时还建立了 $(Nu/Nu_s)/(f/f_s)$ 和 $(Nu/Nu_s)/(f/f_s)^{1/3}$ 等热学性能参数与流动参数 Re 和几何结构参数 P/e 的经验关联式。Abraham 等[6]设计了 V 形和 W 形肋片涡流发生器,测量了肋片通道粗糙表面的强化换热系数和压降特征,结果表明 V 形肋片比 W 形肋片横向换热系数的变化更加显著,考虑到温度场的均匀性,W 形肋片更适用于工程实践。Yang 等[7]采用实验方法研究了高堵塞比肋片通道的换热特性,他们发现对称排布肋片平板的换热系数要高于交错排布肋片平板,但其压力损失较大,综合热学性能较低。Singh 等[8-9]将肋片涡流发生器和柱形凹腔结构组合进行换热通道的设计,旨在优化流场结构,得到更好的热学性能。结果表明,45°倾斜肋片与 V 形肋片的复合强化换热结构相比,单独肋片或凹槽的强化换热结构具有更高的强化换热系数和综合热学性能。

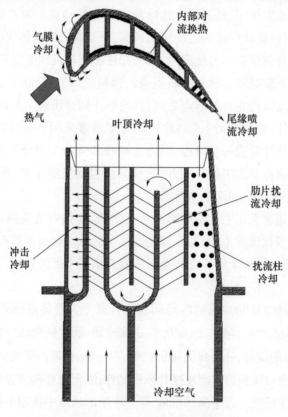

图 1.1 叶片内部冷却技术

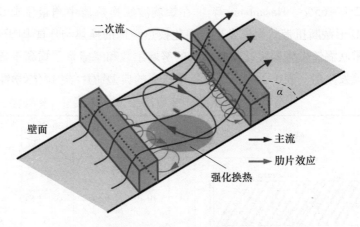

图 1.2 倾斜肋片粗糙壁面三维流场结构示意图[15]

在一些文献中发现,截断肋片与连续型肋片相比,可以有效地降低压降损失,增强冷热流体混合和强化换热性能[10-12]。Liou[13]等使用稳态红外热成像仪(IR)和粒子图像测速仪(PIV)测量了普通直肋片和截断肋片通道内的全场努塞尔数和三维流场分布,并创建了一个评估面积平均努塞尔数和摩擦系数的经验关联式。Kumar 等[14]研究了具有多排 V 形截断肋片空气通道中的换热和压力损失特征,研究结果证实了截断肋片优异的热学性能。与无堵塞气道相比,最优热学性能结构的相关几何参数如下:相对堵塞高度为 0.5,相对堵塞间距为 10,截断堵塞距离为 0.67,相对截断宽度为 1.0,气流攻角为 60°,相对堵塞宽度为 5.0。

近年来,带孔肋片和其他类型的带孔粗糙强化换热结构也受到了研究人员的广泛关注。Liou 和 Chen[16]使用激光全息干涉测量、烟流可视化和压力探针测量了带孔肋片矩形通道中的周期性湍流换热和阻力特征,他们发现分离布置的带孔肋片在中等肋片高度下换热效果较好。Sara 等[18]评估了安装带孔矩形块平面上的强化换热和压降特征,并进行了性能评估,结果表明尽管由于矩形块表面积增加而显著增强了换热,但矩形块可能导致高达 20% 的压力损失,而矩形块上的穿透孔可以少量弥补此部分压力损失。Buchlin[19]进行了浸没在湍流边界层中带孔肋片通道对流换热的实验研究,实验中采用红外热像仪结合恒定热流加热器测得带孔肋片表面的换热系数。研究结果表明,相比于实心肋片,带孔肋片回流区域明显减小,局部换热系数增强了 2 倍。Chamoli[20]研究了 V 形带孔粗糙结构矩形通道的换热和阻力特征,同时采用响应面法建立预测模型,在 ±5% 的不确定度范围内模拟结果与实验值吻合良好。Sahel 等[21]进行了带孔肋片矩形通道的强化换热研究,结果表明径轴比为 0.190 的肋片可以有效减少低换热区域,换热效率比普通肋片提高了 2%~65%。Hasanpour 等[22]在螺旋波纹换热器中测量了典型、带孔、V形截断和 U 形截断扭带状涡流发生器强化换热结构的换热与压降特征,他们发现改进的扭带状涡流发生器强化换热结构的努塞尔数和摩擦系数均高于普通类型的扭带状涡流发生器。表 1.1 列出了近年来研究的典型肋片结构的热学性能。

表 1.1 典型肋片结构热学性能比较

名称	结构	参考文献	Re/1000	Nu/Nu_0	$(Nu/Nu_0)/(f/f_0)^{1/3}$	参数
60°倾斜肋片	(a)	[4]	10,20	2.6~3.25	1.35~1.95	$W/H=1.0~4.0$, $P/e=10$, $0.125<e/H<0.2$
	(b)	[4]	10,20	2.8~3.6	1.47~2.07	
直角和圆柱形肋片		[5]	12.5~86.5	1.3~2.4	1.8~4.2	$P/e=6.6~53$, $e/H=0.075$
45°角的 V 形和 W 形肋片组合		[6]	5~35	1.9~3.0	0.9~1.45	$P/e=6$, 10,17.5, $e/H=0.08$
45°角的 W 形肋片		[8]	19.5~69	3.5~4.2	1.2~1.65	$P/e=16$, $e/H=0.1$
分离式肋片		[13]	5~20	—	1.5~2.1	$P/e=10$, $e/H=0.1$

续表

名称	结构	参考文献	$Re/1000$	Nu/Nu_0	$(Nu/Nu_0)/(f/f_0)^{1/3}$	参数
分离式V形和W形肋片		[14]	3~8	—	1.78~3.24	流动攻角为30°~70°，$P/H=8~12$
带孔肋片		[18]	6.6~40	1.75~2.8	—	倾斜角度为0°~45°，$e/H=0.454$
不同形状孔的带孔肋片		[19]	30~60	1.4~2.0	—	$P/H=2~6$
不同形状的肋片		[25]	3~7	2.0~2.8	0.88~1.35	$P/e=6.67$，$e/H=0.22$
60°倾斜的肋片		[26]	10,20,30	1.62~1.67	1.02~1.17	$P/e=10$，$e/D_h=0.125$

续表

名称	结构	参考文献	Re/1000	Nu/Nu_0	$(Nu/Nu_0)/(f/f_0)^{1/3}$	参数
45°倾斜的V形、W形、M形肋片		[27]	20~70	M:1.7~1.85 W:1.75~7.95 45°:2.18~2.28 V:2.32~2.42	M:0.8~0.95 W:0.84~1.02 45°:1.02~1.15 V:1.04~1.17	$P/e=16$, $e/D_h=0.125$
45°倾斜的V形肋片		[28]	30~400	2.1~3.9	0.7~1.6	$5<P/e<10$, $0.1<e/D_h<0.18$

关于肋片通道流动换热也积累了大量的数值研究,使用过的许多不同的湍流模型[25-27,29-38],包括 Saidi 和 Sunden 等[29]的涡黏模型(EVM)和显式代数应力模型(EASM)以及 Lin 等[30]的剪切应力输运(SST)模型等。Wongcharee 等[25]使用 $k-\omega$ SST 湍流模型和重整化组(RNG)的湍流模型研究了不同形状肋片结构的流动换热特征,他们发现 $k-\omega$ SST 湍流模型的预测结果比 $k-\varepsilon$ RNG 湍流模型更接近实验数据。Kim 等[26]采用 $k-\omega$ SST 模型研究了进口速度分布曲线对肋片通道入口区域流动和换热的影响,结果表明,进口区域不同的进口速度分布会改变肋片结构循环区域和再附着区域的位置与形态结构。Gao 等[31]采用 $k-\omega$ SST 模型对高展弦比矩形肋片冷却通道中混合蒸汽和空气的共轭换热进行了数值研究,他们发现肋片通道二次流的产生、分离和混合过程可以增强局部换热。Marocco 和 Franco[32]使用直接数值模拟(DNS)方法和雷诺平均 Navier-Stokes(RANS)方程分别研究了高堵塞交错肋片通道中的对流换热特征,他们发现 v^2-f 湍流模型比 $k-\varepsilon$ Reliable 模型预测精度更高。

在求解湍流结构的许多数值模型中,大涡模拟(LES)求解精度较高,但求解过程需要消耗大量的计算资源,特别是求解带有壁面的流动。为了获得足够的计算精度和平衡计算时间,科研人员提出了 LES 方法与 RANS 模型相结合的方法,即分离涡模拟(DES)模型[39]。DES 模型特别适合求解高雷诺数下的壁面边界流动,这将大大减少大涡模拟求解近壁面流场所需消耗的大量计算资源。在分离涡模拟模型基础上,研究人员开发改进的延迟分离涡模拟(IDDES)模型[40-41],能够有效地处理网格诱导分离(GIS)的情况,与延迟分离涡模拟(DDES)模型[42]类似。IDDES模型修正了GIS对DES的处理方法,可以更有效地求解近壁面的湍流结构及演化特征。

1.2 涡轮叶片外部冷却技术

气膜冷却是航空发动机叶片的外部冷却方法,是一种利用喷射冷气产生气膜保护固体表面免受高温主流侵蚀的先进冷却技术,该冷却方法广泛应用于涡轮叶片的端壁、叶身和叶顶区域[43]。其中,端壁气膜冷却主要用于保护叶片的端壁以及端壁与叶片交界区域,特别是在端壁上承受较高温度负荷的区域[44]。端壁气膜冷却属于外部冷却的一种措施,通过冷却气体喷射在叶片表面形成一个薄气膜,降低固体表面温度,从而有效地减轻了高温主流气体对叶片的热负荷。气膜冷却通常与冲击、对流冷却形成复合冷却方法,主要应用于燃烧室下游的高压涡轮叶片,如图1.3所示。

图1.3 第一级导叶端壁气膜冷却结构示意图[52]

涡轮叶片是航空发动机动力输出重要部件,其非规则的表面结构、叶栅通道上的复杂流动及高温高压高旋转的工作环境使得涡轮叶片气膜冷却的流动结构和覆盖发展规律难以被准确预测[45]。目前关于气膜冷却的研究工作主要包括主流与冷却气流的压力和温度比,以及气膜孔的几何形状设计和布局优化等[44,46-49]。此外,外界流动环境对气膜冷却的效果也受到研究人员的密切关注,例如主流湍流强度和动叶尾迹非稳流的扰动等。流动冲击、马蹄涡(HV)等涡结构的形成与发展引起复杂流场,影响了冷却剂在固体表面的覆盖,使得涡轮叶片端壁气膜冷却作用机理相对复杂[50-51]。除了马蹄涡,燃气在叶栅通道中产生的通道涡(PV)、角涡等二次流结构也会对端壁气膜冷却流场产生强烈影响。Ghosh 和 Goldstein[45]采用传质法测量了平面叶栅通道中端壁气膜的流动结构,研究结果表明非对称流动入口对压力侧的对流换热分布影响不大。

1.2.1 平板气膜冷却

以往关于气膜冷却的很多研究主要集中在平板气膜上,通过在平板上设置单排或多排气膜孔来研究平板气膜的流动结构和换热特性,相关的基础研究和理论模型为揭示气膜冷却的换热和流动结构特征提供了重要的理论基础。Sinha 等[53]使用热电偶测量了单排孔平板气膜密度比的影响,并发现密度比会改变动量通量比,从而影响冷却气膜的扩散。Haas 等[54]通过数值模拟和实验研究了密度比对气膜冷却的影响,发现随着密度比的增加,气膜的冷却效果逐渐增强。Ligrani 等[55]在平板上布置了单排复合角气膜孔,他们发现复合角气膜孔的设计可以显著提高气膜冷却的效率和冷却剂的覆盖范围。Goldstein 和 Jin[56]使用萘升华法测量了单排复合角气膜孔下游的冷却效率,并发现在相同吹风比条件下,使用复合角气膜孔的横向冷却效率明显高于普通柱形孔。还有很多研究关注了气膜孔的几何参数如长径比(l/d)[57]和节距比(P/d)[58]对气膜冷却的影响。近年来,更多的研究工作集中在改进冷却效率的异形气膜孔设计上[59-61],如扇形气膜孔。已有研究表明,在高吹风比条件下,相较于圆柱形孔,扇形气膜孔具有更高的冷却效率。

Jabbar 和 Goldstein[62]探究了双排冷却孔对下游绝热壁温度的影响,进行了详细的量化分析,他们发现双排冷却孔相较于单行冷却孔在保护坚固壁体方面具有显著的优势,并且具有更高的冷却效率。Jubran 和 Brown[63]针对两排顺流向和横向倾斜的气膜孔开展了一项探索性的研究,重点关注两排孔气膜形成过程中的相互作用,研究结果表明,与单排孔相比,两排孔形成的气膜更加聚集,气膜冷却效果更加优异。Sinha 等[64]针对燃气轮机涡轮双排孔气膜冷却的流动结构进行了实验研究,并且考虑了主流边界层厚度的影响,他们发现,当冷却孔上游的边界层较厚时,冷却射流会有明显的穿透现象。Ligrani 等[65]重点研究了交错排列的双排复合角气膜冷却,旨在进一步提高气膜冷却效率,研究结果表明,与单一倾斜气膜冷却孔相比,复合角气膜冷却具备更出色的冷却保护能力。还有一些研究[66-67]也发现了双排复合角气膜孔的显著冷却效果,同时指出,两排交错排列的复合角气膜孔可以进一步提高冷却效果。Dittmar 等[68]进行了基于异形复合角气膜冷却的研究,研究发现,在吹风比适中或较高的条件下,扇形孔在横向上呈现出增加的冷却剂覆盖范围和优良的冷却性能。Natsui 等[69]利用压力敏感涂料(PSP)对平面多排气膜孔冷却阵列的冷却效果进行了质量传输测量,他们采用了立体光固化成型(SLA)技术制作的入射角为20°的多排气膜孔,研究了不同吹风比下的冷却效率,研究表明,对于圆柱孔,不同的吹风比,冷却效率有明显的差异。

1.2.2 端壁气膜冷却

一些研究人员考虑实际叶型和流动流场,开展了与涡轮端壁相关的气膜冷却研究。Granser 和 Schulenberg[70]在直列叶栅通道中采用热电偶测温技术测量了第一级涡轮导叶叶冠的气膜冷却效率,研究结果表明吸力侧的气膜冷却效率高于压力侧的气膜冷却效率。Burd 和 Simon[71]研究了喷嘴导向叶片(NGV)端壁上游带狭缝喷流的气膜冷却效果,他们发现上游的狭缝喷流对导叶的气动性能影响不大,并且可减少叶栅通道中的二次流影响。Oke 等[72-73]利用 NGV 上游的排气孔测量了端壁上的气膜冷却效果,实验中对冷却剂喷射速度进行了控制,他们发现气膜孔的质量流量是影响通道间冷却剂覆盖范围的重要参数。Zhang 和 Jaiswal 等[74]用 PSP 测量方法研究了出口导向叶片端壁的气膜冷却,他们发现增加的平均气膜冷却效率与质量流量呈非线性关系,这表明了冷却剂注入和覆盖过程与端壁二次流之间存在干扰。Knost 和 Thole[75]使用红外相机测量了第一级导叶的全范围端壁气膜效率,对两种上游带狭缝的全范围气膜孔排布进行了测量与分析,他们发现前缘端壁区域和端壁与压力侧交界区域存在气膜覆盖困难的问题。Shiau 等[76]在环形叶栅中采用了柱形孔与异形孔结合的设计,并使用 PSP 方法测量了全范围端壁气膜冷却效率的分布,研究结果可直接为端壁气膜孔的排布设计提供重要的实验数据。

以往的研究已经表明,端壁气膜冷却在保护端壁和叶片与端壁交界区域具有重要作用[77-78]。然而许多研究指出,在涡轮叶片及端壁区域复杂的流场条件下,冷却剂很难有效地覆盖在端壁上的前缘端壁和端壁与压力侧交界。叶片前缘(LE)受到燃气强烈的冲击时,会形成马蹄涡结构,如图 1.4 所示,马蹄涡的夹带效应使得冷却气膜难以附着在前缘端壁区域。端壁区域受到强烈的气流冲击时也会造成各区域压力分布不平衡,冷却气流难以喷出。同时,叶栅通道压差引起的横向流动使压力侧叶根区域的气膜覆盖变得困难。导叶端壁的整体流动结构如图 1.5 所示。

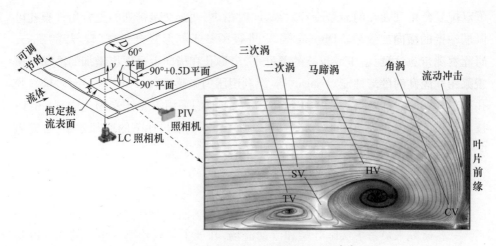

图 1.4 叶片前缘驻面二维流场示意图[79]

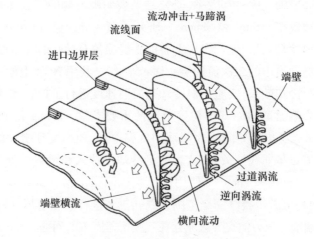

图 1.5 导叶端壁整体流动结构示意图[80]

一些学者对端壁局部区域气膜覆盖困难的问题进行了深入研究,并提出了改进意见。Sundaram 和 Thole[81]采用凹狭缝与气膜孔结合的方式改善了涡轮前缘端壁的气膜冷却效率,凹狭缝气膜孔相比于传统柱形气膜孔可以有效提高冷却效率,冷气在端壁附着变得更加容易。苏杭等[82]提出了一种可以降低端壁表面整体温度、强化前缘与压力面根部冷却效果的新型气膜孔布局,如图 1.6 所示。采用优化后的气膜孔布局相比于传统顺排气膜孔布局整体冷却效率明显增加。Liu等[83-84]基于流动控制原理研究了气膜孔叶片端壁全范围排布方法,并通过流动控制方法对叶片前缘端壁气膜覆盖困难区域进行气膜孔排布设计,提高了前缘端壁的气膜覆盖效果。陶志等[85]研究了非轴对称端壁造型对典型燃气透平叶片端壁气动热力性能的影响,发现将叶栅通道下游的端壁设计成非轴对称造型,可以有效削弱端壁的横向二次流,减弱通道涡对气膜的卷吸作用。Shiau 等[51]使用压力敏感涂料测量方法测试叶片端壁的不同气膜孔排布类型对气膜冷却效率的影响,发现采用气膜孔簇的形式有助于提高局部区域的气膜覆盖效果。

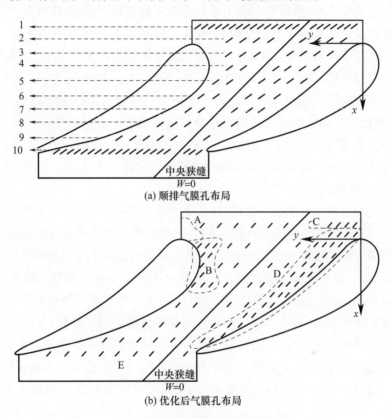

图 1.6 两种气膜孔布局示意图

综上所述,目前有关端壁气膜冷却的研究主要集中在气膜孔的形状和排布设计方面。然而,仅仅通过改变气膜孔的几何结构和排布设计很难显著提高端壁的冷却效率[86]。同时,在涡轮叶片端壁的复杂流动结构下,气膜冷却面临着分布不均匀、局部气膜覆盖困难等问题[87]。随着未来航空发动机性能要求的提高,涡轮叶片的进口温度将越来越高。因此,探索新型的冷却方式以提高叶片端壁的耐高温性能变得非常重要,尤其是对于前缘端壁区域这种热负荷最为严重的区域。在未来的研究中,需要综合考虑气膜孔设计和新型冷却方式的结合,以克服端壁气膜冷却中存在的挑战,并提高叶片端壁的热防护能力,这将对涡轮叶片的性能提升和寿命延长具有重要的意义。

1.3 分形(构形)理论

从数学角度来看,分形是一种用于对自然实物建模[88]的抽象对象,创建的分形呈现相似的形态时通常尺度也较小,有些文献将其命名为"进化对称"。如果一个复制体在每个尺度上都完全相同,它就会呈现自相似的形态,如门格尔海绵[89]就是自相似的分形结构。在不同尺度下,进化过程也会呈现不同的特征。曼德博(Mandelbrot)集[90-91]就是这种模式的一个例子。作为由简单数学规则生成的复杂结构,曼德博集在数学可视化以及其他领域得到了广泛的应用。康托(Cantor)集是另一个常见的结构,最早由康托于1874年提出。它用于推导其他有用的数学量。标准康托集现在被认为是由去掉一条线段的中间1/3得出。一些学术论文提供了康托集的精确公式[92-93]。

分形作为一种抽象的数学对象,被广泛应用于模拟自然界中的物体,并展现出尺度上的自相似性和模式重复性的特征[94]。在换热和流动领域,许多学者基于分形理论开展了数值模拟和实验研究,探究各种通道内的换热和流动特征[95-99]。例如,Zhang等[95]对采用分形理论设计的矩形通道进行了实验和数值研究,以探究其强化换热、流动特性和整体热性能。他们设计了7种具有不同截面形状、布置方式和断角的截断肋片,并将其与连续肋片的换热性能进行了比较,如图1.7所示。通过对流动特性的深入分析,他们提出了设计结构提高换热性能的潜在机制。这项研究的结果表明,采用分形理论设计通道内的结构可以显著改善换热性能和流动特性。通过合理设计分形几何形状和参数,可以实现更高效的热传递和流动控制。

很多学者基于分形理论对一些换热模型进行了构建与完善。Qi等[100]针对基于气泡尺寸分形分布的随机分型函数建立了成核沸腾换热模型。此外,本书还首次提出了分形维数从1增加到2的过程,以匹配被加热液体从自然对流到核沸腾,到过渡沸腾,最后到膜沸腾的整个演化过程,以更全面、更深入地揭示核沸腾的本质。通过比较可以发现,随机分形模型得到的气泡分布图像在统计上与实验照片非常相似,当过热度高于10℃时,预测的换热量与实验数据吻合较好。Zou等[101]建立了一个关于热接触电导的基于分形几何理论的随机数模型来计算两个粗糙表面的接触热导率。他们将该模型的预测结果与已有的实验数据进行了比较,并通过拟合参数观察到了良好的一致性,计算结果也比其他模型的结果更符合实际情况。

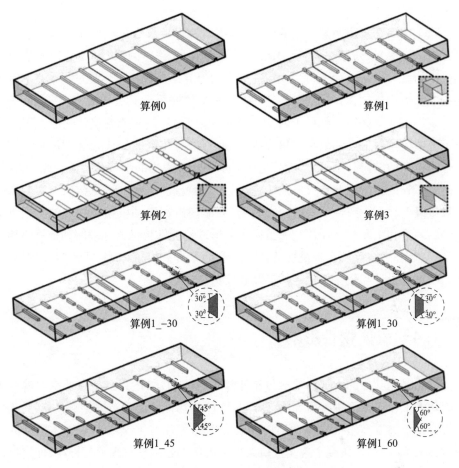

图 1.7　连续肋片与 7 种新型截断肋片示意图[95]

在研究多孔介质的结构和换热问题方面,一些学者运用分形理论取得了显著的成果。以往的有效热导率分形模型大多是用来描述多孔介质中单个胞体或具有代表性的基本体积的热传导特性,很少有基于分形理论的实际多孔结构圆管的有效热导率分形模型。准确评估多孔介质的换热性能与其复杂结构之间的关系是一个关键问题。Yu 等[102]提出了一种基于分形理论的多孔介质圆管等效换热系数(ETC)模型,并通过现有模型和实验数据验证了该模型的有效性,同时讨论了固有热物性和孔隙结构对 ETC 的影响。研究结果表明,由多孔介质构成的圆管的隔热性能比普通平行圆管提高了约 25%。这一发现为管道保温设计提供了一种可行的替代方案,可应用于冷/热流体供应系统或空调系统中。采用分形理论能够更准确地考虑多孔介质内部的复杂结构和换热机制,从而改进对换热性能的预测和优化设计。

除了在多孔介质换热方面的研究,一些学者将分形理论应用于发动机燃烧领域,并开展了一系列相关研究。Han 等[105]基于湍流分形理论采用数值方法对汽油机内的富氧燃烧过程进行了模拟。他们的研究结果揭示了燃烧过程中富氧区域的形成和演化规律,对于燃烧效率的提高和排放的降低具有重要意义。Sabdenov 等[106-107]关注气体缓燃到爆轰转变的分形理论研究,在紊流燃烧的一般情况下进行了数值模拟。他们的研究结果表明,分形理论与传统的经典燃烧理论和湍流统计理论得到的结果并不矛盾,而且更能揭示燃烧过程中的细节和特征。此外,他们还研究了管内封闭端部点火后的慢速爆燃—爆轰过渡现象,所得结果与实验数据在数量级上具有一致性。这些研究表明,分形理论在发动机燃烧领域的应用具有重要的理论和实际意义。研究人员采用分形理论能够更深入地理解和描述燃烧过程中的非线性、多尺度和随机性特征。这有助于提高燃烧效率、降低污染物排放,并为发动机设计和优化提供新的思路和方法。

1.4 气体物性影响

针对涡轮叶片的内部肋片冷却和外部气膜冷却,以往大多是在低温实验台上或简化的工作条件下进行研究的,忽略了气体热物性的影响。近年来,一些关于发动机应用中高温高压气体流动结构的研究考虑了现实工况或真实气体模型的影响。Salvadori 等[109]研究了现实进口条件下高压涡轮端壁气膜冷却性能,即进口总温度和速度分布的不均匀性。入口涡流限制了冷却剂的覆盖范围,因为它改变了马蹄涡的发展,并产生了更强的通道涡,对平台冷却产生了不利影响。为了提高前缘区域的冷却性能,Wen 等[110]通过绝热和气动-热耦合模拟研究了叶片前缘气膜冷却布置的影响。他们证明了沟狭缝结构可以用于第一级涡轮叶片,以提高进口温度并提高发动机效率。Bai 等[112]在燃气轮机实际工况下,研究了轴对称收敛型面和吹风比对端壁气膜冷却和叶片压力侧表面虚影冷却性能的影响。他们发现,优化端壁形状是减少冷却剂消耗的有效技术途径。

除了在燃气轮机中的应用,研究人员考虑了真实气体的热性能对其他类型发动机的影响,并进行了相关研究。Sala 等[113-114]对低温斯特林发动机(温度范围为 150~300℃)中的真实工作流体进行了研究,该流体显示出明显的实际气体效应。研究发现,在压力超过临界压力的 3~4 倍且接近发动机循环最低温度的条件下,功率相比于理想气体情况提高了 2.5 倍。这些研究结果揭示了真实气体对低温斯特林发动机性能的显著影响。为了探究真实气体对激波形成的影响,Raman 和 Kim[116]分析了超临界 CO_2 在会聚 – 发散喷嘴中的流动结构和换热特性。他们建立了 6 种不同的状态方程,以评估换热和传质特性。通过对流动结构和换热过程的深入分析,研究人员揭示了真实气体对激波形成的重要影响,并提供了在设计超临界 CO_2 喷嘴和相关设备时考虑真实气体性质的依据。

此外,也开展了一些考虑气体物性影响的基础研究工作。Zhang 等[117]对高压下液膜冷却进行了数值研究。考虑气液两相溶液、真实气体性质和不同的热物理性质,建立了高压气膜冷却的数学模型。Nematollahi 等[119]研究了楔形叶栅超声速流动中真实气体的立方模型的评价。在 NIST Refprop 模型(美国国家标准与技术研究所的一款物性数据库)的基础上,建立了实际气体的其他 4 种三次模型方程并进行了比较。然而,Aungier – Redlich – Kwong(A – R – K)状态方程模型提供了更高的精度。Yuan 等[120]建立了一种新的真实气体模型来表征和预测高压输气管道气体泄漏。该模型有两个方面的改进:一是利用质量分数来表征泄漏气体流量占管内气体流量的比例;二是将实际气体热力学纳入基本控制方程。

第 2 章
实验与仿真方法

2.1 液晶测温技术

2.1.1 液晶测温简介

稳态液晶热成像(LCT)是一种非侵入式技术,用于测量固体表面的对流换热系数。LCT 的巨大优势是能够提供高分辨率的全局温度场,即使对于具有复杂结构的表面也同样适用。

LCT 的特色能力是基于热致变色液晶(TLC)材料。TLC 是一种在白光照射下反射颜色随温度变化的材料,光在一个特定的波长范围内反射。因为反射的颜色是温度的函数,所以 TLC 可以作为目标区域的温度指示器。液晶(LC)是一种独特的存在于固体和各向同性液相之间的有机物质[122]。在一定的温度限制之间,它显示出某种类似于晶体状态的分子结构,因此,热致相是在一定温度范围内呈现的相。在温度过高时,热运动将破坏 LC 相微妙的协同有序,将材料推向传统的各向同性液相。在温度过低时,大多数 LC 材料形成常规晶体。

为了将 LC 的颜色与相应的温度联系起来,近年来采用了多种方法,色温法是常用的方法,它能够提供高分辨率的热传导测量。LC 图像首先由相机以红、绿、蓝(RGB)分量捕获,然后通过 Matlab 2012 等软件将其转换为色调、饱和度和亮度(HSI)分量。色相值通常为 0~255,对应于 LC 处于特定温度状态。

2.1.2 液晶的校样

在进行实验之前,需要对 LCT 片进行校准,以建立不同视角下温度与色相值之间的关系。实验选择了 Hallcrest 公司的 R35C5WLC 片材,并通过 45°和 90°两种视角进行标定。为了排除周围环境的干扰,在一个黑框内进行校准实验。校准装置包括一个带有温度控制器的强制热风加热系统,如图 2.1 所示。LC 片被黏附在铝板上,以确保相对均匀的温度分布。使用了几个热电偶放置在不同位置进行 LC 片的温度测量。在校准实验中,通过控制加热系统的温度,观察 LC 片在不同视角下的色相变化,并记录相应的色相值。通过收集一系列不同温度下的色相值数据,建立视角与温度之间的关系曲线。这样的校准过程可以确保在实际应用中通过测量 LC 片的色相值准确地推断出相应的表面温度。

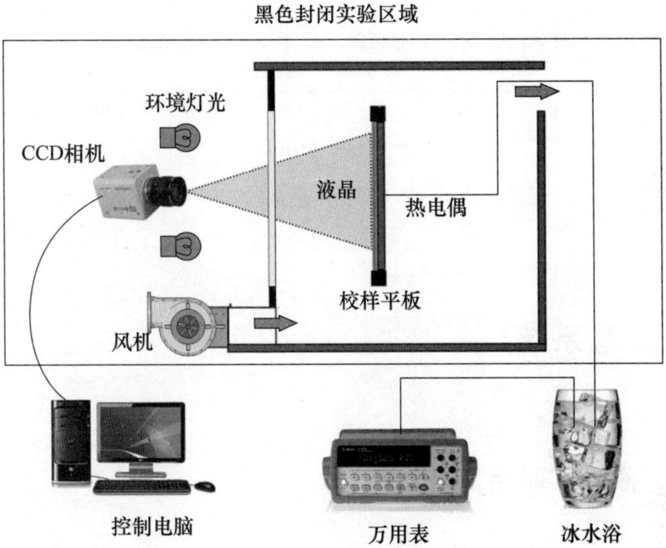

图 2.1 液晶校样实验台

校准后的色温曲线如图 2.2 所示。LCT 具有高分辨率的优点,仅使用绿色范围(60~100)作为温度的表示范围。在不同的视角下进行实验,得到了不同色相与温度之间的关系。当视角发生变化时,可以观察到色调值之间的轻微差异。因此,在数据处理的代码中通常将相关性分为两组,分别用于处理 45°视角和 90°视角的情况。在实验中使用 45°视角的相关系数来测量多孔腔的换热特性,因为 45°视角能够提供更准确的表面温度分布信息,有助于揭示多孔腔内部的热传导机制。其他情况选择 90°视角来进行测量。通过根据不同视角下的相关系数来确定适当的测量方法,能获得更准确可靠的热传导测量结果。

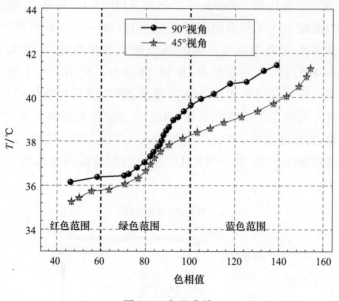

图 2.2 色温曲线

2.2 实验系统

2.2.1 液晶实验台简介

被测表面的换热系数使用稳态 LCT 进行测量。实验装置及液晶测试系统如图 2.3 所示。实验中,主流通过一台离心风机在一个尺寸为 500cm × 32cm × 8cm 的矩形通道内产生。为了稳定入口流动,通道入口部分设计成钟形。测试通道采用低热导率($\lambda = 0.2\mathrm{W/(m \cdot K)}$)的有机玻璃制造,以降低沿通道壁的切向热传导和通道壁的正常热损失。在矩形通道中间放置了液晶测试系统,距离入口约 350cm,以确保测试区域具有完全发展的流动状态。被测表面上覆盖了一个加热箔,以提供均匀的热流密度。热流由两台串联的变压器调节。R35C5W 液晶片固定在加热箔的顶部以捕获温度。实验段的背面覆盖有保温层,采用热导率较低($\lambda = 0.03\mathrm{W/(m \cdot K)}$)的聚苯乙烯泡沫塑料,以减少导热损失。在被测表面上方放置了一个电荷耦合器件(CCD)相机和两个灯,以提供足够的照明条件。通过 CCD 相机拍摄 LC 图像,像素分辨率为 1600 × 1200。为了避免环境光的干扰,测试系统被黑暗的外壳包围。

两个压力探针安装在测试段的两侧,间隔距离为130cm。主流速度可通过驱动风机的频率来调节,进气温度由温度计Pt-100监测,通道中心最大速度由速度计Testo-416测量。根据Schlichting[123]给出的最大速度与体平均速度的关系可以得到截面的平均速度,并确定相应的雷诺数。这样设计的实验装置可以有效地提供稳态条件下的换热测量环境,通过测量LC片的温度分布,结合LC热致变色特性,可以获得被测表面的换热系数。这种非侵入式的测量方法具有高分辨率和适应复杂表面结构的优势,为热传导研究和工程设计提供了重要的实验手段。

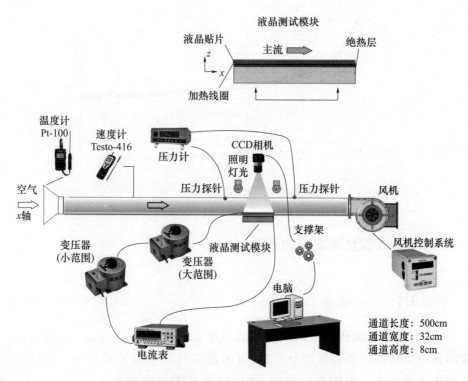

图2.3 液晶测试实验台及液晶测试模块示意图

2.2.2 实验台验证

在进行特定的LCT换热测量之前,必须对测试设备进行验证以确保其可靠性和准确性。为了进行验证,可以利用LCT在光滑通道上进行换热测量,发热区的换热分布如图2.4所示。通过观察发热区域的换热分布,可以评估换热的效果。

在验证过程中,可以使用 Dittus-Boelter 相关性[124]来标准化 Nu。Nu 是用于描述流体流动中换热强度的参数,通过对换热边界沿流动方向的展开观察,可知标准化 Nu 趋于统一。这表明实验装置的可靠性和准确性,即在测试通道中换热的效果是符合预期的。验证的结果证明了测试设备的可行性,为进一步的 LCT 换热实验奠定了基础。

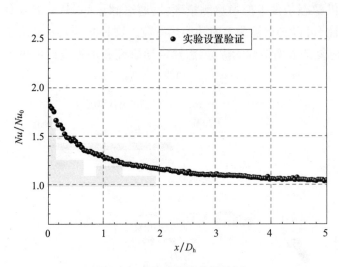

图 2.4　实验台换热曲线验证

2.2.3　实验台基本流动参数

2.2.3.1　湍流强度

使用 Dantech 流线公司的一维热线风速仪测量通道中的湍流强度。在流量测量中主要关注流向速度分量,它对湍流的特征具有重要影响。通过测量不同主流平均速度下的速度波动,可以获取有关湍流强度的信息。例如,当将主流平均速度设定为 10m/s 时,可以通过观察速度波动随时间的分布来分析湍流强度。图 2.5 展示了在此设定下的速度波动情况。在实验中,主流平均速度可设置在 5~30m/s,而相应的湍流强度在 4%~5% 之间变化。这些数据可以用于设定数值计算中的边界条件,并提供了关于湍流流动特性的重要参考。

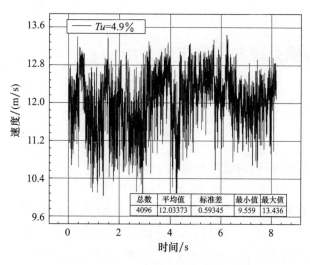

图 2.5 通道中心速度波动（由热风速仪测得）

2.2.3.2 速度剖面曲线

为了获得测试通道的速度分布信息，使用 Dantech(532nm) 的二维 PIV 系统测量通道顺流 - 横向截面上的速度场数据。在测量过程中，重点关注速度沿法线方向（z 方向）的分布情况。图 2.6 展示了在特定条件下沿法线方向速度的分布情况。从图中可以观察到，在相对高度为 0.3 的位置，流向速度达到最大值。这一结果与 Schlichting[123] 的研究结果一致，进一步验证了实验数据的可靠性。通过这种测量方法能够获得关于测试通道内速度分布的详细信息，为进一步的流动分析和换热研究提供基础数据。通过测量通道内的速度分布，可以更好地理解流体在通道中的行为，并对热传递过程进行定量分析。

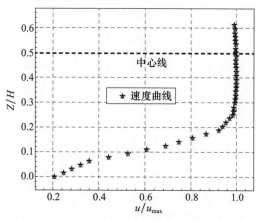

图 2.6 二维 PIV 系统通道中心速度剖面曲线

2.3 数据处理与不确定性分析

雷诺数定义为

$$Re = \frac{\rho u_m D_h}{\mu} \tag{2.1}$$

式中:ρ 为流体的密度;u_m 为流体在通道中的平均速度;D_h 为通道的水力直径;μ 为动力粘度。

通过对 CCD 相机拍摄到的图像进行处理,得到了换热系数:

$$h = (q_w - q_{loss})/(T_w - T_f) \tag{2.2}$$

式中:q_w 为壁面热流密度;q_{loss} 为热损失;T_w 和 T_f 分别为壁面温度和空气温度。

由于从进风口到出风口的空气温差很小,取 T_f 为进风口温度。此外,空气的热特性是基于进口空气的温度。

Nu 是根据通道的水力直径得到的:

$$Nu = hD_h/\lambda \tag{2.3}$$

式中:λ 为空气的热导率。

范宁摩擦因数定义为

$$f = \frac{\Delta p}{2\rho u_m^2} \cdot \frac{D_h}{L} \tag{2.4}$$

式中:Δp 为肋型通道上游和下游两个压力探头之间的压降;L 为两个压力探头之间的距离。

Nu 和摩擦因子分别由 Dittus – Boelter 相关[124]和 Blasius 方程标准化,可得

$$\begin{cases} Nu_0 = 0.023 Re^{0.8} Pr^{0.4} \\ f_0 = 0.079 Re^{-0.25} \end{cases} \tag{2.5}$$

通道的热工水力性能分别为 $(Nu/Nu_0)/(f/f_0)$ 和 $(Nu/Nu_0)/(f/f_0)^{1/3}$。

用 Moffat[125] 法估算换热系数的不确定度。通过计算得到了换热系数的不确定度:

$$\begin{aligned}\frac{\Delta h}{h} &= \frac{1}{h} \left[\left\{ \frac{\partial h}{\partial q} \Delta q \right\}^2 + \left\{ \frac{\partial h}{\partial T_w} \Delta T_w \right\}^2 + \left\{ \frac{\partial h}{\partial T_f} \Delta T_f \right\}^2 \right]^{0.5} \\ &= \left[\left\{ \frac{\Delta q}{q} \right\}^2 + \left\{ \frac{\Delta T_w}{T_w - T_f} \right\}^2 + \left\{ \frac{\Delta T_f}{T_w - T_f} \right\}^2 \right]^{0.5} \end{aligned} \tag{2.6}$$

Nu 的不确定度:

$$\frac{\Delta Nu}{Nu} = \frac{1}{Nu}\left[\left\{\frac{\partial}{\partial h}(Nu)\Delta h\right\}^2 + \left\{\frac{\partial}{\partial D_h}(Nu)\Delta D_h\right\}^2 + \left\{\frac{\partial}{\partial k}(Nu)\Delta k\right\}^2\right]^{0.5}$$

$$= \left\{\left(\frac{\Delta h}{h}\right)^2 + \left(\frac{\Delta D_h}{D_h}\right)^2\right\}^{0.5} \tag{2.7}$$

摩擦因数的不确定度:

$$\frac{\Delta f}{f} = \frac{1}{f}\left[\left\{\frac{\partial f}{\partial(\Delta P)}\Delta(\Delta P)\right\}^2 + \left\{\frac{\partial f}{\partial L}\Delta L\right\}^2 + \left\{\frac{\partial f}{\partial D_h}\Delta D_h\right\}^2 + \left\{\frac{\partial f}{\partial \mu_m}\Delta \mu_m\right\}^2\right]^{0.5}$$

$$= \frac{1}{f}\left[\left\{\frac{\Delta(\Delta P)}{\Delta P}\right\}^2 + \left\{\frac{\Delta L}{L}\right\}^2 + \left\{\frac{3\Delta D_h}{D_h}\right\}^2 + \left\{\frac{2\Delta \mu_m}{\mu_m}\right\}^2\right]^{0.5} \tag{2.8}$$

速度测量的不确定度在 ±2% 以内,压降测量的不确定度在 ±3% 以内,摩擦因数的不确定度在 6% 以内,估算壁温和体积温度的测量误差分别在 ±0.2K 和 ±0.1K以内,T_w 和 T_f 的温差约为 17K;加热箔片的不均匀性和电压、电流的读数误差均小于 4%,辐射和热传导损失的计算误差估计在 6% 以内,根据这些估计,换热系数的不确定度在 ±6% 以内。主要测量仪器的不确定度如表 2.1 所列。

表 2.1 主要测量仪器的不确定度

参数	仪器	不确定度
压降	压力计	±3%
速度	转子测速仪	±2%
壁面温度	液晶	±0.2K
空气温度	测温计	±0.1K

2.4 数值模拟方法

黏性流体的流动行为是流体力学中一个重要的研究领域。在宏观尺度上,黏性流体的流动形态可分为层流、湍流以及从层流到湍流的转捩过程[126-127]。层流是指流体在平行层面上以有序的、分层的方式流动,其流动粒子的速度和方向变化较小。湍流是流体流动中出现的一种不规则、混乱的流动形式,其中流体的速度和方向发生剧烈变化,形成漩涡和湍流结构。转捩是指层流向湍流的转变过程,即由有序流动逐渐过渡到混沌不规则的湍流状态。从工程应用的角度来看,转捩过程对流体流动的影响通常可以忽略,因为在大多数情况下流体的运动是以湍流形式出现的。层流在实际工程中出现的情况相对较少,因此,研究重点主要放在湍流方面[128]。

湍流问题的复杂性可以从量子力学奠基人沃纳·卡尔·海森堡的一句名言中得以体现。他曾表示，如果他见到上帝，他将向上帝提出两个问题：一个关于相对论，另一个关于湍流。然而，他只确定上帝会回答第一个问题，而对于湍流问题他并不确定上帝是否有答案。这表明了湍流问题的困难程度。如果能够解决湍流问题，不仅是在流体力学领域的进步，更是在物理学和数学领域的重大突破。解决湍流问题将对人类科技产生深远的影响，推动物理学、数学学科的发展，为人类技术的进步迈出重要一步。

由于传统的数学模型难以精确地模拟湍流，使得它仍处在未知的状态，而 Navier – Stokes(N – S)模型则成了最佳的模拟工具，它可以有效地捕捉到复杂的物理现象，如水、空气以及各种液态物质的运动。N – S 方程虽然具有较高的概括性，但其实质上仍然具有许多未知的特性，这些特性使得其在数学上极具挑战性。然而，当我们尝试把这些特性结合在一起，就能够构造出更加精确的 N – S 方程。尽管海森堡的理论可以解释复杂的物理现象，但由于 N – S 托克斯方程的复杂特征，即使是最先进的物理理论也难以解决复杂的湍流现象。

既然湍流无法描述，那么如何定义湍流？J. O. Hinze 指出，湍流是不规律的流线运动，它的物理性质随着时间和空间位置而发生变化，因此有着明确的统计学水平。钱宁教授用一个生动的比喻来描述湍流：层流就像一队训练有素的士兵沿着街区前行，而湍流则像一帮醉汉沿着拥挤的街区行走，尽管他们仍在前行，但每个人都在做着杂乱无章的动作。

流体运动本质上是一种动态过程，其中，涡流的出现无疑是一种必要条件。但是，在流动过程中由于流动速度和流动方向等因素的影响，涡流的数量和程度都有所变化，有时候它们会变得很弱，甚至无法被人们感知，从而导致层流运动和湍流运动。湍流的主要特点包括：

（1）它具有大量的漩涡；

（2）涡内有自身的运动，这相当于构成的流体微团；

（3）涡受到黏度的影响而发生变化，从而产生变形、分裂或扩张；

（4）湍流运动是漩涡运动和漩涡扩散的叠加。

虽然湍流被认为是经典物理学中最后一个未解决的问题，然而其早已应用在现代物理学的各个领域中。湍流理论的研究主要集中在两个方面：一是湍流的触发；二是湍流的描述和湍流问题的求解[129-130]。湍流是一种复杂的非线性流动，具有高度的复杂性和不可预测性。目前，可以使用多种数值模拟方法来研究它，包括直接模拟和非直接模拟。

2.4.1 直接数值模拟

通过 DNS,我们能够更准确地预测和模拟 N-S 方程中的湍流行为[131-133]。这种方式不需要做出复杂的模拟,而且能够获取更加准确的预测结果。然而,要想有效地处理多尺度的湍流,就必须同时考虑空间和时间尺度的分辨率。这要求计算机具备较高的处理能力,使得计算量变得更大、耗时更长,而且需要更多的计算资源。

在一个 $0.1\mathrm{m} \times 0.1\mathrm{m}$ 的高雷诺数流动区域中,漩涡的尺寸为 $10\sim100\mathrm{\mu m}$,为了准确描述这些漩涡,需要使用高达 $10^9\sim10^{12}$ 个网格节点。湍流的脉动频率可达 10kHz,因此,要想准确地捕捉湍流的细节,就必须将时间和空间步长设置到 $100\mathrm{\mu s}$ 以下,以便更好地理解其时间特征的变化。然而,尽管 DNS 方法在理论上能够提供精确的湍流模拟结果,但因为目前 DNS 技术面临一些挑战和限制,尚未广泛应用于实际的工程计算中。

DNS 是一种直接数值求解 N-S 方程的方法,不需要使用任何湍流模型,是目前最精确的湍流模拟方法。它的优点是能够提供流场内任何物理量(如速度和压力)的时间和空间演变过程,以及漩涡的运动学和动力学问题等细节。然而,DNS 方法的应用受到一些限制:首先,DNS 通常适用于计算域形状相对简单且边界条件相对单一的情况。复杂的几何形状和多边界条件的流动需要额外的处理和调整,增加了计算的复杂性。其次,DNS 方法的计算量巨大,影响计算量的因素有网格数量、流场的时间积分长度(与计算时间长度有关)以及最小漩涡的时间积分长度(与时间步长有关)。特别是在湍流问题中,要求能够数值求解所有漩涡的运动,因此需要将网格的尺度和最小漩涡的尺度保持相当。即使采用子域技术,仍需要使用大规模的网格。为了获得足够精确的湍流解,DNS 方法不可避免地需要巨大的计算资源和最长的计算时间。

2.4.2 非直接数值模拟

2.4.2.1 大涡模拟[134-135]

为了更准确地描述湍流的行为,需要在计算空间内设置更宽的范围,这样才能更好地捕捉湍流的特征[136]。同时,还需要确保计算空间的尺寸尽可能地适合捕捉更细微的漩涡。在这样的情况下才可以更好地理解湍流的行为,并且更准确地预测它的特征。由于目前可供使用的计算网格的最低尺寸远远超出了最低涡的尺寸,不可能完整地模拟出整个漩涡的特性。为了克服这一问题,可以利用 N-S 方程来求解较为复杂的涡流。而且,基于这些复杂的漩涡的特性,可以引入亚网格尺度的模型来更好地描述它们。

对湍流进行研究发现,湍流由许多不同规模的涡团组成,其中有些具有较高的精确性。因此,为了更好地捕捉这些涡团,需要将计算网格缩减至能够清晰地捕捉这些涡团的规模。然而,目前使用的最低尺寸计算网格要远远超过这些。在这个系统里,大型涡流对流体的流速、重力、能量以及其他物理参数的传递起着至关重要的作用,而这些参数又会直接影响到我们要研究的问题,包括形状、位置以及周围的环境。然而,微型涡流则完全没有这些因素的限制,它们的流动是一致的。目前,我们不再局限于完整的漩涡瞬态运动,而是采用更加精细的方式描述更复杂的湍流运动,从而更好地理解微观世界中的气象变化。因此,我们提出了一种新的方式,即大涡模拟(LES),它可以更准确地描述微观世界中的气象变化。

大涡模拟将漩涡区分为大涡和小涡,对大涡直接求解,对小涡采用模型。大涡在流场中是能量的主要携带者,对流动具有决定性作用,由于受到边界条件的影响,不同的流场类型的差异性很大,需要直接求解;小涡对湍流应力的影响很小,由于受到分子之间黏性的影响具有各向同性,适宜于模型化。这样,相比雷诺平均 N-S 方程的模型,LES 方法具有更高的通用性。此外,随着壁面层模型的发展,LES 方法可以求解更高雷诺数的问题。

构建大涡模型的两个关键步骤:一是构建一个数学滤波器,以去除较小的漩涡,以便更好地表征大涡的特性;二是在大涡的运动方程中添加一个额外的参量,即亚网格尺度(SGS)应力,以便更好地反映大涡的特性。其中,亚网格尺度模型是一种用于描述物体大小的数学方法,它可以用来描述物体的形状和大小。

2.4.2.2 Reynolds 平均法(RANS 模型)

尽管瞬态 N-S 方程可以用于模拟湍流现象,但由于其非线性特性,要精确捕捉湍流的微小变化几乎是不可能的。因此,即使能够获得一定的结果,其实际应用价值也相对较小。为了解决湍流模拟的复杂性,引入了 RANS 模型。RANS 模型旨在通过一系列技术手段对瞬态 N-S 方程进行平均处理,以获得更准确的结果[137]。其关键在于将瞬态数据转化为平稳的结果,以更好地满足实际应用的需求[128]。然而,RANS 模型也存在缺点:首先,不同的模型适用于解决不同类型的问题,甚至对于相同类型的问题,不同边界条件下需要修改模型中的常数,这给模型的应用带来了一定的复杂性和局限性;其次,由于 RANS 模型不区分漩涡的大小和方向性,对于漩涡的运动学和动力学问题的考虑相对不足,因此它不能很好地描述流体流动的机理,对漩涡行为的细节揭示有限。尽管 RANS 模型在某些情况下可以提供更准确的结果,但对于湍流的整体理解和精确预测仍存在局限性。为了更全面地研究湍流行为,进一步的改进和发展仍然是必要的。

2.4.2.3　LES 与 RANS 的区别[138]

1) 思路

LES 方法仍然模拟非稳态湍流,但通过扩大计算范围来捕捉更大尺度的漩涡,同时忽略较小尺度的湍流结构。与之相反,RANS 模型放弃了对非稳态湍流的直接模拟,转而追求平均意义下的流动结果[139]。

2) 网格

在 LES 方法中,湍流在足够小尺度时具有相似性。当达到较高雷诺数时,尺度不那么小的湍流也具有相似性,这个尺度叫做惯性子区。在进行 LES 模拟时,只要在这个尺度上过滤,小于这个尺度均可以用一个模型刻画,因此 LES 方法对网格尺度有要求,特别是在壁面附近的尺度往往非常小,大大增加了计算成本。

RANS 模型的网格需求相当宽松,通常只需保证壁面的法向网格的密集程度,而其余地方的网格需求则相对宽松。

3) 假设

Boussinesq 假设被认为是涡黏性假设,它认为雷诺应力和平均流动应变率成正比,这种相关性的系数称为涡黏系数。尽管这一假设的物理意义并不明确,但在实际应用中取得了显著的成果,受到了高度评价。

(1) 采用简化的形式可以显著降低计算量,而且只需要对 N-S 方程进行微调即可;

(2) 涡黏系数的精确度取决于流体的黏性和流动状态,能够利用偏微分方程来精确地拟合涡黏系数,并且能够根据流体的特性,在流场的不同区域得到合适的涡黏系数,就能够准确地反映出流体的运动状态。

在 Boussinesq 的基础上,Smagorinsky 提出类似的亚网格黏性模型——Smagorinsky 模型,可以解决壁面附近的非物理亚网格应力的问题,但是不能应用于 LES 方法。

4) 方程

LES 的过滤方程和 RANS 的时间平均方程非常相似,但 LES 方法注重通过过滤操作捕捉大尺度湍流结构的影响,而 RANS 模型注重通过平均操作消除非稳态效应,获得平均流动。

2.5 RANS 湍流模型

2.5.1 模型原理

在研究流体在平板上的流动时,可以观察到图 2.7 所展示的情形,当匀速流体接触平板前缘时,便开始形成一个层流边界层,在这个层流边界层中流体沿着平板表面以相对有序的方式流动,其流动速度随着与平板表面的距离逐渐增加。然而,随着距离的增加,流场中出现了一些混沌振动,这些振动表现为流动中的不规则变化和漩涡的形成。这标志着流动的逐渐转变,由层流边界层逐步过渡为湍流,最终完全进入湍流状态。

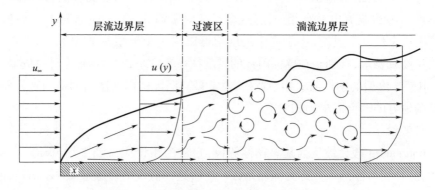

图 2.7 湍流发展过程(流体在平板上流动)

这些区域间的转变可通过雷诺数定义:

$$Re = \rho v L/\mu \tag{2.9}$$

式中:ρ 为流体密度;v 为速度;L 为特征长度;μ 为流体的动力粘度。

假设流体为牛顿流体,即其黏度相对于剪切速度为常数。对于一些具有重要工程意义的流体,如空气和水,实际上它们的密度会随着不同的压力而发生变化,尽管一般认为它们是相对不可压缩的物质,即其马赫数低于 0.3。马赫数是流体流动中一个关键的参数,它为流体速度与声速之间的比值。当马赫数较低时,即流体速度远低于声速时,可以忽略流体的压缩性。在这种情况下,空气和水可以近似为不可压缩流体,其密度在一定压力范围内几乎保持不变。然而,在一些特殊情况下,如高速气流或高压液体中,流体的压缩性变得显著,密度的变化不容忽视。在这些情形下需要考虑流体的可压缩性,采用更复杂的流动模型进行分析和预测。

层流区的流体流动特性可以用 N-S 方程精确地表达,精确地模拟流体的运行特征,包括流速和压力的分布情况。此外,由于流速的分布状况在时间上是固定的,可以更加精确地表达流动的特点。布拉修斯(Blasius)边界层模型可作为一个有效的实验来证明,当物体从静止状态发展到湍流状态时,其内部的混乱状态将导致它失去稳定性,流速发生变化,必须采取更精确的方式来描述它们,从而获得更精确的结果,圆柱绕流就是这样一种情况。稳态和瞬态层流问题都可以通过COMSOL Multiphysics 基本模块[140]求解,也可以使用微流体模块求解,后者提供了适用于非常小流道中流动的附加边界条件。

当雷诺数增大时,流体流动会产生微弱的涡流结构,并且流动的振荡时间也会显著缩短,这导致使用传统的 N-S 方程进行计算变得困难。在这种情况下,需要采用雷诺平均 N-S 方程,该方程建立在对湍流流场 u 的实际测量上,考虑了局部湍流的微小振荡 u',并将其转化为时间平均项 U,如图 2.8 所示。雷诺平均 N-S 方程通过将流场分解为平均流速 U 和湍流成分 u' 来描述流体的运动,平均流速代表流体的整体运动趋势,湍流成分代表局部的湍流漩涡结构。通过对湍流进行时间平均可以获得更稳定的结果,并且减少对微小尺度湍流结构的求解需求。在进行雷诺平均时,通常采用壁面近似,即在流场的壁面附近引入一些假设和模型来简化计算。这是因为在壁面附近流体的速度和涡流结构变化非常复杂,并且存在着强烈的湍流边界层。为了更好地模拟实际情况,常使用一些流场近似[141]方法来描述壁面附近的流动行为。

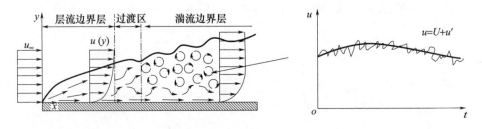

图 2.8 流场、时均、振荡的关系

2.5.2 壁函数

靠近平板壁面的湍流流动可划分为 4 个区域,分别为黏性底层(或称为层流底层)、缓冲层、对数律层和自由流动区,每个区域具有独特的流动特性。在壁面附近流动速度为零,在靠近壁面的薄层中流体速度随着与壁面的距离呈线性变化,这一区域称为黏性底层或层流底层。在黏性底层中,湍流的影响相对较小,主导的是层流。远离壁面的区域称为缓冲层。在缓冲层中,流动逐渐转变为湍流,流体速度与壁面的距离之间成对数关系。缓冲层是从层流向湍流过渡的区域,湍流的影响逐渐显现。紧随其后是对数律层。在对数律层中,流动完全转变为湍流,平均流速与壁面的距离之间存在对数关系。这种对数关系描述了湍流流动的统计特性,称为对数律。距离壁面较远的区域称为自由流动区。在自由流动区,湍流已经发展成为自由湍流,不再受壁面的影响,并且流动特性与远离壁面的自由流动相似。黏性底层和缓冲层是非常薄的区域,其厚度由 δ 来衡量。对数律层是湍流的主要区域,该区域从壁面开始延伸,大致延伸到距离壁面 100δ 的位置。

RANS 模型可以用来估算 4 个区域的流动情况,如图 2.9 所示。由于缓冲区的厚度很薄,因此在这些区域使用近似更加合适。壁函数忽略了缓冲区的流动情况,只考虑了壁面上的非零流速。使用壁函数可以为黏性层中的流动假定一个解析解,从而大幅降低所得模型的计算要求。这种方法在许多实际工程应用中十分有效,尤其是希望获得更高的精度时,它可以帮助人们构建出一个完整的湍流模型。我们可以尝试研究物体表面的升力、阻力以及流体与壁面之间的换热,以期获得更准确的结果。壁函数应用在模拟复杂的湍流流动时,能够以较低的计算成本得到可接受的近似解,这对于许多工程设计和流体力学研究中的湍流模拟非常有价值。将壁函数应用于 RANS 模型,能够更好地理解湍流流动的物理特性,并预测物体在湍流环境下的力学行为。这种方法为研究流体动力学、风力发电、飞行器气动性能等提供了重要的工具。通过精确估计湍流的影响,可以优化设计、提高能量转换效率,甚至预测和减小湍流引起的损失和振荡。

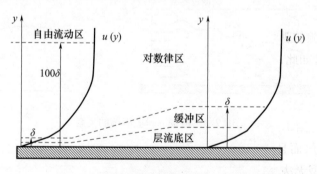

图 2.9 RANS 模型计算涉及的 4 个区域

虽然壁函数方法在某些情况下存在一定的限制,但在实际工程中已被证明是有效和可靠的工具。在研究湍流流动时,结合 RANS 模型和壁函数方法,能够更深入地理解流体与壁面的相互作用,并获得更准确、实用的结果。但如果求解非完全湍流的流动问题,如自然对流问题,则需要解析壁面上的流动而不应使用壁函数。

2.5.3 模型简介

RANS 湍流模型中的壁函数大致包含 7 种类型[142],每种类型的应用范围、所涉及的附加变量数量和变量的意义都各不相同。尽管这些模型都通过引入额外的湍流黏性项来增强 N-S 方程,但它们的实现原理和计算结果存在显著差异。这 7 种 RANS 湍流模型中的壁函数在处理流动问题时各有特点,它们包括不同的湍流模型和湍流应力模型,用于描述湍流的运动和相互作用。模型的选择取决于流动的特征、问题的复杂性和所需的精度。下面对常见的 RANS 湍流模型壁函数的简要说明。

1. L-VEL 和 yPlus 模型

L-VEL 和 yPlus 是一种独特的湍流模型,仅考虑局部流速以及与最近壁面的距离,而忽略其他因素的影响。相比其他 6 种模型,L-VEL 和 yPlus 模型具有明显的优势,因为它们计算资源消耗小且具有较好的鲁棒性。尽管它们的计算精度较低,但在拟合内部流动方面具有非常高的准确性,特别适用于电子冷却领域的实际需求。

2. Spalart-Allmaras(SA)模型(1 方程模型)

SA 模型是一种基于黏性湍流的单方程模型,在求解整个流场时不需要使用任何壁函数,而是通过引入额外的黏度变量来描述流动的物理特性。这种模型在空气动力学研究中具有显著的优势,为求解缓冲层流场提供了较低的内存需求[143]。然而,基于经验的观察表明,SA 模型无法准确描述剪切流、分离流或衰减湍流等流动特征。尽管如此,SA 模型在稳定性和收敛性方面表现出优越性。

3. k-epsilon 模型(2 方程模型)

k-epsilon 模型是一种常用的数学方法,它求解了湍流动能以及动能耗散率两个变量[144]。它采用壁函数来描述流动,而不需要考虑缓冲区。这种方法的优点是计算效果好,而且不需要大量的计算资源,广泛应用于各种工业领域。尽管 k-epsilon 模型无法准确地反映出流动或射流的逆压梯度以及其所产生的强曲率流场,但是其在处理复杂几何形状的外部流动时表现出色,如它能够精确地描述钝体周围的气流。

k-ε 模型有很多变体模型,如 k-ε Realizable 模型、k-ε RNG 模型等。k-ε Standard 模型对于曲率较大,存在较强压力梯度、有旋问题等复杂流动的模拟效果

欠缺。$k-\varepsilon$ RNG 模型能模拟射流撞击、分离流、二次流、旋流等复杂流动,受漩涡黏性各向同性假设限制。$k-\varepsilon$ Realizable 模型与 $k-\varepsilon$ RNG 模型基本一致,并可以更好地模拟圆孔射流问题。

4. $k-\omega$ 模型(2 方程模型)

$k-\omega$ 模型是一种湍流模型,与 $k-\varepsilon$ 模型具有相似的特征,但更加关注比动能耗散率(ω)。与 $k-\varepsilon$ 模型一样,$k-\omega$ 模型也使用了壁函数,因此在内存要求方面类似。$k-\omega$ 模型在收敛性方面存在较高的挑战,并且对于初始条件的预测值非常敏感。因此,通常使用 $k-\varepsilon$ 模型来预测 $k-\omega$ 模型的初始条件。$k-\omega$ 模型在内部流动、具有强曲率的流动、分离流和射流等方面对比 $k-\varepsilon$ 模型具有更高的精确性。其中,弯管中的内部流动是一个典型例子。

5. 低雷诺数 $k-\varepsilon$ 模型(2 方程模型)

低雷诺数 $k-\varepsilon$ 模型是一种类似于 $k-\varepsilon$ 模型的湍流模型,但它不需要使用壁函数。低雷诺数 $k-\varepsilon$ 模型能够计算出每个位置的流动情况,因此可以作为 $k-\varepsilon$ 模型的补充。它具有与 $k-\varepsilon$ 模型相似的优势,但在内存消耗方面更高[145]。通常首先利用 $k-\varepsilon$ 模型确定一个初始条件,然后再使用它来求解低雷诺数模型。由于低雷诺数模型不使用壁函数,使用低雷诺数 $k-\varepsilon$ 模型能够提供更准确的模拟结果,尤其在处理需要更高精度的升力、阻力和热通量等问题时。尽管低雷诺数 $k-\varepsilon$ 模型内存消耗较高,但它为研究低雷诺数流动提供了一种有效的工具。

6. SST 模型(4 方程模型)

SST 模型将自由流中的 $k-\varepsilon$ 模型和靠近壁面处的 $k-\omega$ 模型融合,其独特之处在于不需要使用壁函数,因此在求解靠近壁面处的流动时具有更高的准确性[146-147]。然而,SST 模型的收敛速度相对较慢,因此通常先求解 $k-\varepsilon$ 或 $k-\omega$ 模型,以获得较好的初始条件,从而改善收敛性[148]。SST 模型的优势在于将 $k-\varepsilon$ 模型和 $k-\omega$ 模型的优点结合起来,能够较准确地描述自由流和靠近壁面的流动。

7. 雷诺应力模型(7 方程模型)

雷诺应力模型与其他 RANS 模型不同,它不采用各向同性假设,因此特别适用于强旋流场[149]。雷诺应力模型更严格地考虑了流动中弯曲、漩涡、旋转和张力的快速变化,具有更高的预测精度,能够对复杂流动行为进行准确的预测。然而,它的预测能力仅限于与雷诺应力相关的方程,无法涵盖流动中的所有物理现象。雷诺应力模型是最符合物理实质的 RANS 模型,避免了各向同性涡黏性假设,因此在处理复杂的三维流动中具有较好的适用性,如弯曲管道、旋转流动、旋流燃烧和旋风分离器等情况[150]。然而,该模型计算资源消耗较大,对计算网格的质量要求较高。此外,计算结果对初始条件非常敏感,收敛过程较为困难。

2.6 气体模型

理想气体定律在低气压和高温下对气体的描述是相对可靠的。然而,在高气压和低气温条件下,这些方程的精度会显得不够准确,尤其在预测气体冷凝为液体时存在一定的困难。为了解决这个问题,1949 年 Otto Redlich 和 Joseph Neng Shun Kwong 提出了 Redlich – Kwong(R – K)状态方程,相较于当时的其他微分方程有了显著的进步。R – K 状态方程是一种改进的气体状态方程,它考虑了气体分子间的相互作用力,特别是对气体在高压高温条件下的行为提供了更准确的描述。相较于理想气体定律,R – K 状态方程能够更好地预测气体的压力和体积之间的关系,尤其在高压情况下更为准确。为了进一步提高 R – K 状态方程的精度,后来发展出了 A – R – K(Aungier – Redlich – Kwong)真实气体模型。A – R – K 方程在 R – K 方程的基础上进行改进,特别是在临界点附近的气体行为预测方面有更高的准确性。

理想气体状态方程为

$$pV = nRT \tag{2.10}$$

R – K 状态方程为

$$p = \frac{RT}{V-b} - \frac{\alpha_0}{V(V+b)T_{0.5}^\tau} \tag{2.11}$$

A – R – K 真实气体模型用于计算蒸汽或超临界状态的流体和流体混合物。该模型不适用于液态流体或液气共存的两相流。此外,A – R – K 真实气体模型存在以下限制:

(1)压力入口、质量流量入口和压力出口是可用于真实气体模型的唯一流入和流出边界;

(2)非反射边界条件不应用于真实气体模型;

(3)真实气体模型不能用于任何多相模型,该模型与拉格朗日分散相模型兼容;

(4)真实气体模型不能用于非预混合、部分预混合和成分 PDF 传输燃烧模型,然而,可以使用有限速率和涡流耗散模型来模拟化学反应。

A – R – K 模型采用以下形式的状态方程:

$$p = \frac{RT}{V-b+c} - \frac{\alpha(T)}{V(V+b)} \tag{2.12}$$

式中

$$\alpha(T) = \alpha_0 T_\tau^{-n}$$
$$n = 0.4986 + 1.1735\omega + 0.4754\omega^2$$
$$\alpha_0 = 0.42747 R^2 T_c^2 / p_c$$
$$c = \frac{RT_c}{p_c + \dfrac{\alpha_0}{V_c + (V_c + b)}} + b - V_c$$
$$b = 0.08664 RT_c / p_c \tag{2.13}$$
$$R = R_u / MW \tag{2.14}$$

式中：p 为绝对压力(Pa)；V 为比体积(m³/kg)；T 为热力学温度(K)；T_c 为临界温度(K)；p_c 为临界压力(Pa)；V_c 为临界比体积(m³/kg)；ω 为中心因子；R 为气体常数；R_u 为通用气体常数；MW 为气体分子量。

第3章
内部冷却肋片通道设计

3.1 截断肋片通道设计

3.1.1 实验方法

3.1节彩图

实验采用了离心风机来产生一个长500cm、宽32cm、高8cm的矩形通道中的主流。为了获得完全发展的流动,将带有肋片的通道放置在树脂玻璃通道中,其延伸部分在上游方向上比D_h(漩涡直径)长约20倍。实验的设置如图2.3所示。为了测量通道底壁的换热系数,应用了稳态液晶技术(LCT)[151-152]。实验中使用的通道由具有较低热导率($\lambda = 0.2\text{W}/(\text{m}\cdot\text{K})$)的Plexiglas制成,以减少沿通道壁的切向热传导和通道壁的正常热损失。底壁覆盖有加热箔,以产生均匀的热通量。为了测量温度,使用了Hallcrest公司的液晶片(型号为R35C5W),它们被粘贴在加热线圈的表面。在实验前,液晶片已经过校准,以建立温度和色相值之间的关系。校准实验中使用了两盏MASTER TL-D Super 80灯作为照明光源,使用分辨率为1600×1200像素的CCD相机拍摄LC片的图像。为了减少热传导损失并降低实验误差,测试段的背面覆盖了泡沫隔热层($\lambda = 0.03\text{W}/(\text{m}\cdot\text{K})$)。整个测试系统被黑暗的外壳包围,以避免环境光的干扰。在实验中设计了8个带有肋片的通道,每组通道肋片具有不同的截断类型和排列方式,如图3.1所示。底壁上放置了5排肋片,每行的总长度被截断为原长度的25%。相机仅捕获肋片第3排和第5排之间的区域,以提供高分辨率的图像。

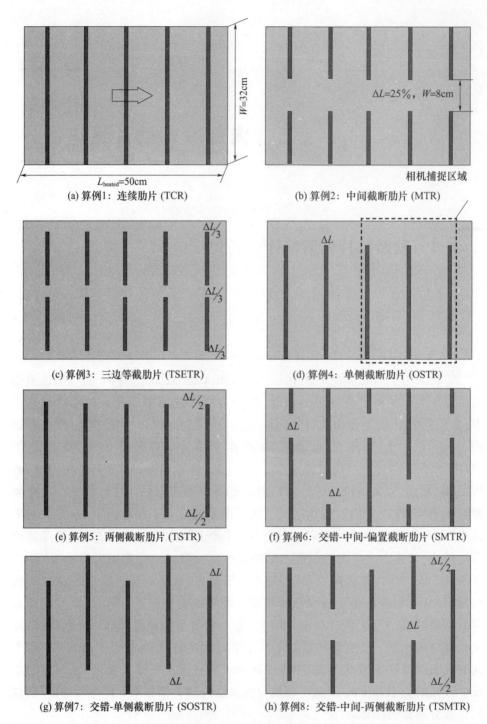

图 3.1 8 种不同的截断肋片设计(所有肋片被截断 25%,$P/e=10$,$e/D_h=0.078$)

算例1,连续肋片(TCR),如图3.1(a)所示;算例2,中间截断肋片(MTR),如图3.1(b)所示;算例3,三边等截肋片(TSETR),如图3.1(c)所示;算例4,单侧截断肋片(OSTR),如图3.1(d)所示;算例5,两侧截断肋片(TSTR),如图3.1(e)所示;算例6,交错－中间－偏置截断肋片(SMTR),如图3.1(f)所示;算例7,交错－单侧截断肋片(SOSTR),如图3.1(g)所示;算例8,交错－中间－两侧截断肋片(TSMTR),如图3.1(h)所示。

在以下分析中,算例1~5为平行算例,算例6~8为交错算例。在实验中,通过控制风扇的功率,将大容量平均入口流速设置为10m/s。选择进气温度作为参考温度来计算流体属性。在实验中,雷诺数设置为80000,与相应的u_m一致,进气速度的不确定性为±2%。

换热系数的不确定性是使用Moffat[125]的方法估计的。压降测量的不确定性在3%以内,摩擦系数的不确定性约为3.6%,壁温和体积温度的测量误差估计分别在±0.2K和±0.1K以内,T_w和T_f之间的温差约为17K,加热箔的不均匀性以及电压和电流的读数误差均小于4%,计算辐射和热传导损耗的误差总共小于6%,基于这些估计,换热系数的不确定性在±10%以内,Nu的不确定性与换热系数相同,在±10%以内。

3.1.2 计算方法

3.1.2.1 物理模型描述

计算域基于测试通道构建,但入口和出口扩展部分相对较短。计算通道是矩形通道,长度为150cm,宽度为32cm,高度为8cm。上游扩展通道长60cm,下游扩展通道长40cm。中间部分的底壁是加热表面。为了平衡准确性和计算效率,使用ANSYS ICEM 17.0软件包生成了结构化网格。在墙边界附近生成了非常密集的网格,以满足$k-\omega$ SST模型对壁面边界条件要求,其中生成的网格使得y^+值约为1。控制整个通道的网格总数为$4\times10^6 \sim 4.6\times10^6$,具体取决于不同的截断肋片通道。带肋片表面附近的结构化网格如图3.2所示。

表3.1提供了网格独立性研究的数据。使用算例5进行了4个不同的网格系统的独立性分析,分别包含1.2×10^6、2.1×10^6、4.6×10^6和5.9×10^6个网格单元。通过比较不同网格系统的结果,发现入口和出口之间的压降以及平均的Nu之间存在微小的差异(在0.3%以内)。综合考虑计算效率和流场显示的细节,选择了拥有4.6×10^6个网格单元的网格系统作为最终的计算网格。这个选择既能

保证计算的准确性,又能提高计算效率,并满足对流场细节的要求。

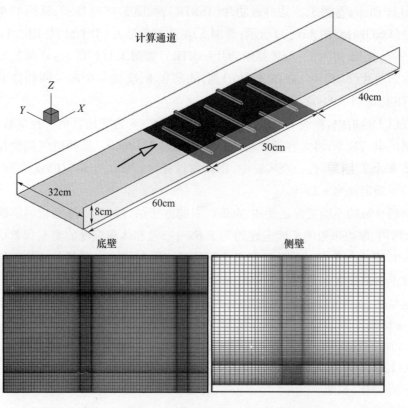

图 3.2　肋片表面附近的计算通道和结构化网格

表 3.1　网格独立性研究

总网格数量	ΔP/Pa	Nu_{avg}（加热墙壁）
1214570	33.23	266.12
2178557	33.31	266.68
4675157	33.39	266.97
5905584	33.50	267.24

3.1.2.2　边界条件和求解器设置

假设入口延伸部分和出口延伸部分为绝热条件,即没有热量传递。在通道的中间端壁上施加了恒定的表面热通量,为 1000W/m^2。所有壁面采用了无滑移速度条件,即流体与壁面相接触时速度为零。假设通道入口处速度和温度分布均匀。入口湍流强度水平设定为 5%,与实验条件一致。假设流体为不可压缩的干燥空气,并具有恒定的热物理特性(因为通道中的温度变化非常小)。因此,在计算中可以忽略不同流动位置的绝对黏度、热导率、比热容和密度的变化。计算通道中的流动是三维、湍流、稳定且非旋转的。采用 ANSYS FLUENT 17.0 软件求解雷诺平均应力方程。在压力 – 速度耦合方面,选择了协调一致的压力耦合方程组的半隐式算法。对湍流动能、湍流耗散率和能量方程进行空间离散化时,采用了二阶差分格式。通过以上设置和求解方法可以对流动进行准确的数值模拟,并获得流场的速度、温度和湍流特性等重要参数的空间分布。

3.1.3 结果分析

通过 LCT 实验,使用平行算例的肋片通道进行了 Nu 云图的研究,其中在 $Re = 80000$ 时的结果如图 3.3 所示。这些平行排列的肋片通道包括算例 1 ~ 算例 5。肋片第 3 排和第 5 排之间的选定区域由 CCD 相机捕获,在两排之间,流向的 Nu 随着距离的增加先增加后减少。流动的再循环,导致热导率最低的区域主要位于肋片的下游。在横向方向上,高 Nu 区域从中心线到两个侧壁略有增加。当肋片被小间隙截断时,横向流动引起了流动结构的变化,肋片后面的再循环流动减少。这种横向涡流是截断肋片间隙区域的跨度方向上存在较大压力差所引起的,截断肋片后面的尾流区域类似于增强的横流断崖。从图 3.3 中可以看出,在具有截断肋片的肋状通道中,截断间隙附近的局部换热系数得到增强。这表明截断肋片的存在对流动和换热有着显著影响,产生了局部的换热增强效应。

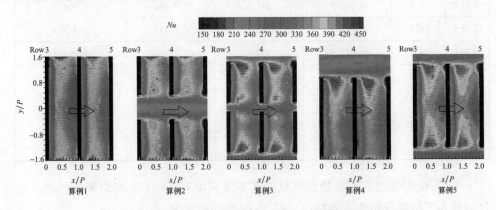

图 3.3 （见彩图）LCT 实验的平行算例 Nu 云图($Re = 80000$)

图 3.4 显示了通过 LCT 实验在 $Re = 80000$ 时交错算例肋壁附近的 Nu 云图。交错算例包括算例 6 ~ 算例 8。这些交错的肋片通道的设计旨在增强横向流动并

减少再循环流动。通过交错排列,高 Nu 区域沿着横向方向扩展。通常情况下,交错算例比平行算例具有更大的换热增强效应。此外,在交错的情况下,换热分布变得更加均匀。截断操作导致肋片后面的压力不平衡,并从"截断间隙"引入横向流动,压力分布显示在下面的数值计算部分。强制的横向流动打破了边界层,并与沿翼展方向的主流流动混合。在交错算例中,相比于其他两个交错算例,算例 8 的平均 Nu 最大。算例 6 和算例 7 的非对称 Nu 分布是捕获区域前面的肋片数量有限所致。前排肋片的排列对于交错情况下双方的换热分布有影响,如算例 6 和算例 7。在数值模拟中也发现了类似的现象,验证了实验结果的可靠性。

表 3.2 为热性能比较。其中包括不同算例的 Nu 和摩擦因数的标准化结果。Nu 是通过应用 Dittus – Boelter 相关[124]计算得出的,摩擦因数则使用 Blasius 方程标准化,具体计算见式(2.5)。这些标准化的参数提供了一种比较不同算例之间热性能的方法。通过比较 Nu,可以评估不同算例下的换热效率,较高的 Nu 表示更高的换热能力。摩擦因数的比较则可以揭示不同算例下的阻力损失情况,较低的摩擦因数表示较低的阻力损失。通过表 3.2,可以对比各个算例的热性能,从而评估它们在特定流动条件下的效果,这种比较有助于确定最佳的设计或配置,以实现最佳的热传输性能。

表 3.2 热性能比较

算例	ΔP/Pa	f	Nu_{avg}	$(Nu/Nu_0)/(f/f_0)$	$(Nu/Nu_0)/(f/f_0)^{1/3}$
算例 1	40.4	0.01407	343.5	0.68739	1.42843
算例 2	35.6	0.01239	337.6	0.76668	1.46435
算例 3	36.2	0.01260	345.3	0.77117	1.48943
算例 4	35.2	0.01226	336.1	0.77194	1.46335
算例 5	36.6	0.01274	361.7	0.79897	1.55447
算例 6	40.0	0.01393	361.8	0.73125	1.50953
算例 7	40.4	0.01407	365.4	0.73122	1.51950
算例 8	42.8	0.01490	370.2	0.69928	1.51013

平均 Nu 是通过在相机捕获区域的选定区域中对 Nu 求平均值来实现的。该区域涵盖了换热分布的主要特征。平均 Nu 可以表示为

$$\overline{Nu} = \frac{\int_{-1.5(z/P)}^{+1.5(z/P)} \int_{0.15(x/P)}^{0.85(x/P)} Nu(x,z)\mathrm{d}x\mathrm{d}z + \int_{-1.5(z/P)}^{+1.5(z/P)} \int_{1.15(x/P)}^{1.85(x/P)} Nu(x,z)\mathrm{d}x\mathrm{d}z}{A} \quad (3.1)$$

式中:A 为所选区域的总面积。

对于平行算例(算例2~算例5),压降通常小于连续肋片(算例1)。算例2和算例4仅给定长度截断肋片的单个部分,具有最小的压降。对于交错的情况,压降与连续肋片的压降相似,只是算例8稍大一些。尽管平行算例的压降略小,但平均Nu仍然与连续肋片相似或更高。由于分散和高换热区域,算例3和算例5具有最大的换热。比较图3.3和图3.4中可见,高换热区域与实验中截断间隙的长度相关。如果截断间隙的长度在指定的雷诺数下太大,那么截断部分的中心区域呈现出低换热现象,如算例2和算例4。通过减少强制混合区域,算例2和算例4具有最低的压降。交错算例产生更强的横向流动,并在不增加压降的情况下扩大了高换热区域。因此,算例8获得了最高的平均换热增强。通道的综合热学性能为$(Nu/Nu_0)/(f/f_0)$和$(Nu/Nu_0)/(f/f_0)^{1/3}$。在表3.2中,算例5具有最高的热性能,压降相对较小,平均Nu相对较高。

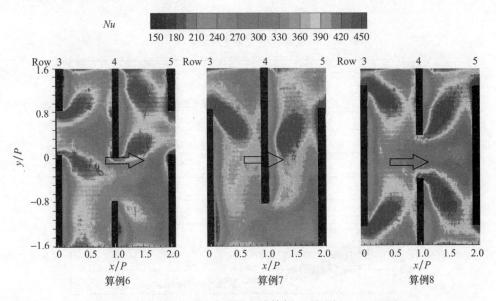

图3.4 (见彩图)LCT实验的交错算例Nu云图($Re=80000$)

图3.5为换热性能与常见换热增强结构的比较,这些数据来自Ligrani等[153-154],包括从截至2003年的调查中从各种来源获得的各种数据。图3.5(a)提供了具有常见换热增强结构的平行算例的比较,考虑到$(Nu/Nu_0)/(f/f_0)$,肋状通道的换热增强因子(算例1~算例5)与其他肋片湍流器相似。然而,与其他人研究中的肋片湍流器相比,摩擦因数要小得多,但比球凹要大一些。在图3.5(b)中,交错算例(如$(Nu/Nu_0)/(f/f_0)$)的整体热性能优于普通涡流室、肋片湍流器和扰流柱,但比球凹、带凸起的球凹和其他类型的表面粗糙结构差。

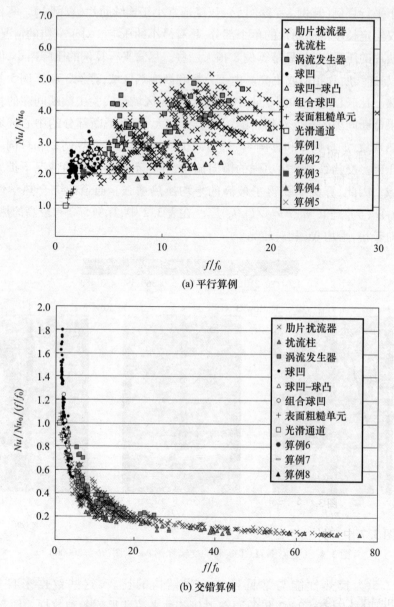

(a) 平行算例

(b) 交错算例

图 3.5 （见彩图）换热增强结构的热性能比较

图 3.6 显示了 LCT 实验获得的选定区域中沿横向的平均 Nu 分布。所选区域位于肋片第 3 排和第 5 排之间，它们是两个独立的区域（$0.15 \leqslant x/P \leqslant 0.85$，$1.15 \leqslant x/P \leqslant 1.85$ 和 $0.15 \leqslant z/P \leqslant 0.85$）。跨度方向上的每个 Nu 都是通过沿流向对所选区域中的所有 Nu 点求平均值而获得的，其计算公式为

$$\overline{Nu} = \frac{\int_{0.15(x/P)}^{0.85(x/P)} Nu(x)\,dx + \int_{1.15(x/P)}^{1.85(x/P)} Nu(x)\,dx}{L_x} \tag{3.2}$$

式中:L_x 为所选区域在流向上的总长度。

除算例 4 外,其他平行排列的情况在图 3.6(a) 中呈现对称的 Nu 分布。通常情况下,换热峰出现在截断的间隙处,而低换热区域则位于没有肋片堵塞的流动通道处。算例 1、算例 3 和算例 5 展现出相对均匀的 Nu 分布,算例 2 和算例 4 在较大截断部分的中央区域具有较低的换热性能,类似于沿通道发展的光滑通道流动,没有任何干扰。在图 3.6(b) 中,交错算例通常具有比平行算例更高的 Nu 值。需要注意的是,算例 8 由于截断的肋片在中心线周围呈对称排列,呈现出对称的 Nu 分布。算例 7 获得最高的 Nu 值,算例 8 在中间区域获得最低的 Nu 值,其中没有肋片阻塞。通常情况下,与其他交错算例相比,算例 6 的 Nu 分布相对均匀。

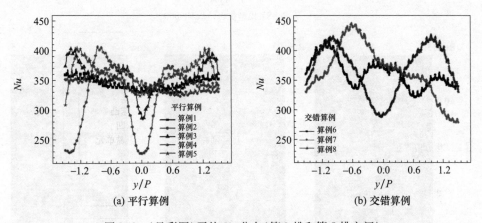

(a) 平行算例　　　(b) 交错算例

图 3.6　(见彩图)平均 Nu 分布(第 3 排和第 5 排之间)

在图 3.7 中,对使用 $k-\omega$ SST 模型进行的 Nu 云图计算结果进行了评估,并将其与实验数据进行了比较。实验数据是在交错算例下底部加热壁上获得的 Nu 分布。总体而言,数值计算得到的 Nu 云图与实验数据具有相似的分布。高换热区域在分布和幅度上与实验数据非常一致。然而,低换热区域的幅度略低于实验数据,这些低换热区域主要位于肋片附近,实验数据表明在热通量均匀性方面的预测稍显不准确。这是实验中存在的一些细微差异以及数值模型的简化所致。综合以上结果可知,$k-\omega$ SST 模型在计算截断肋片的通道流动和换热方面具有良好的预测能力。高换热区域的准确性显示了该模型在捕捉流动结构和换热增强机制方面的有效性。尽管在低换热区域存在一些差异,但这并不影响对该模型的整体评价。

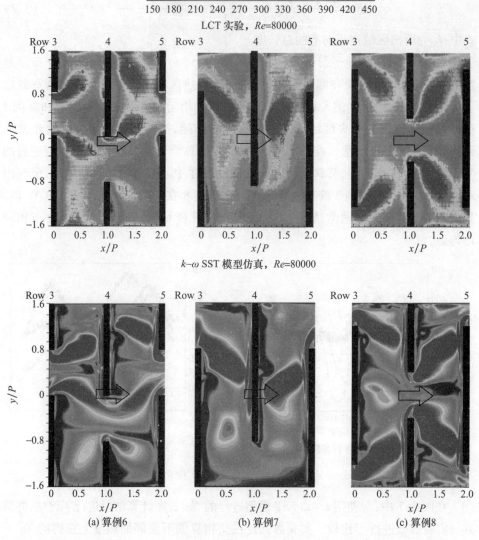

(a) 算例6　　　　　　　　　(b) 算例7　　　　　　　　　(c) 算例8

图 3.7　（见彩图）交错算例的 Nu 云图（上图为实验结果，下图为计算结果）

在 $Re=80000$ 的情况下，图 3.8 展示了接近肋片壁面的平行算例下的极限流线。极限流线是指位于靠近带有肋片的底壁的第一层网格上的流线，在相邻的肋片之间可以观察到流动的再循环和再连接。当肋片被截断时，可以在截断间隙处观察到横向涡流，这增加了与主流流动混合的湍流。横向涡流的强度受到截断间隙大小的影响，较大的截断间隙会导致更强的涡流。从图中可以清楚地看出，截断部分引起了离散的涡流，并改善了流动的混合效果。因此，算例 3 和算例 5 呈现出更高的换热性能。

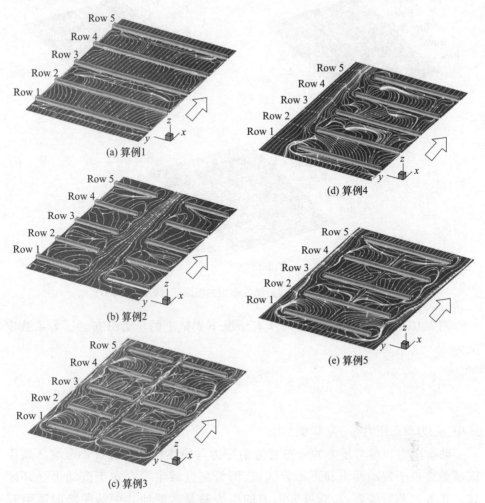

图 3.8 平行算例下接近肋片壁面的极限流线($Re = 80000$)

在 $Re = 80000$ 的情况下,图 3.9 展示了接近肋片壁面的交错算例下的极限流线。交错排列改变了相邻行之间的流动模式,并为进入流创建了复杂的流动路径。这种增强的流动混合有效地干扰了边界层的发展,并增加了肋片壁面的换热效果。然而,与平行算例相比,更复杂的流动路径导致交错算例具有更大的压降。截断肋片引起的横向流动减少了肋片后面的流动再循环区域,从而增加了换热效率,这种横向流动的引入在一定程度上改善了交错算例的换热性能。

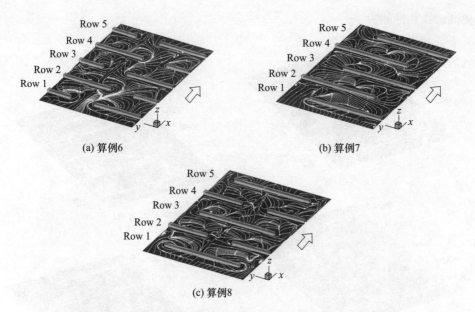

图 3.9　交错算例下接近肋片壁面的极限流线（$Re=80000$）

图 3.10 显示了 $Re=80000$ 时所有情况下底壁上的压力分布。压力系数定义为

$$C_p=\frac{p-p_{ref}}{q_{ref}}=\frac{p-p_{ref}}{\frac{1}{2}\rho_{air}v_{inlet}^2} \tag{3.3}$$

式中：q_{ref} 为动态压力；p_{ref} 为参考压力。

动态压力和参考压力的分布对流动行为与换热性能具有重要影响。高压区域始终位于流动冲击和再附着区域，而低压区域主要存在于流动再循环区域。正如之前所提到的，翼展方向上的压力差是截断肋片中的截断间隙引起的。截断间隙导致跨度方向上存在较大的压力差，从而引发横向涡流，这些涡流被输送到流动再循环区域，从而改善该区域的换热性能。通过引入横向涡流，流动结构发生变化，促进了热量的混合和传递，进一步增强了换热效果。

图 3.11 展示了在 $Re=80000$ 时平行算例下沿流向（$x-z$）截面上的流线和湍流动能（TKE）分布。选择了 3 个截面，分别是 $y/P=-1.4$，$y/P=0$ 和 $y/P=1.4$。观察到高 TKE 区域通常位于靠近底部肋壁的区域，特别是在发生流动分离的区域。对于连续的算例，如算例 1，在翼展方向上再循环区域的大小没有明显变化。在其他算例中，再循环流在截断区域中消失，没有肋片堵

塞,例如,在算例 2 中平面 $y/P=0$,在算例 3 中平面 $y/P=1.4$。在算例 4 中的中间平面,再循环流的尺寸最大。总体而言,截断的肋片减少了肋片后面的再循环流。

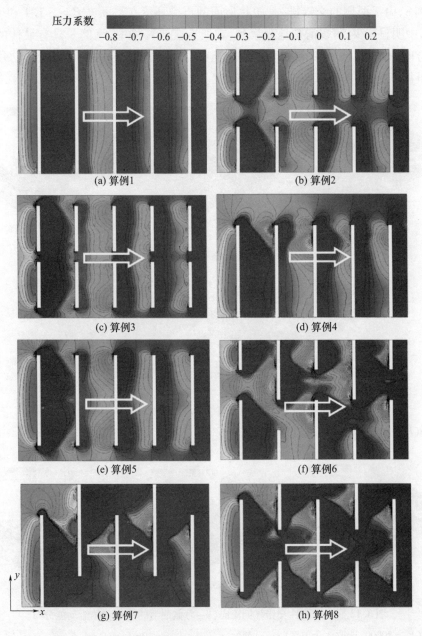

图 3.10 (见彩图)各算例底壁上的压力分布云图($Re=80000$)

图 3.12 展示了在 $Re = 80000$ 时交错算例下沿流向 $(x-z)$ 截面上的流线和湍流动能分布。对于所有交错算例,TKE 相对大于平行算例,尤其是在算例 8 中。较大的 TKE 分布意味着在这些区域存在较大的剪切应力和强烈的流动混合。对于算例 8,由于两侧的交错排列,肋片后面的再循环流在平面 $y/P = -1.4$ 和 $y/P = 1.4$ 中明显减少,可以清楚地观察到,在所有交错算例中,算例 8 具有最佳的流动混合能力。通过对流线和湍流动能的观察可以得出,截断的肋片降低了肋片后面的再循环流,而交错算例则增加了流动混合和湍流强度。

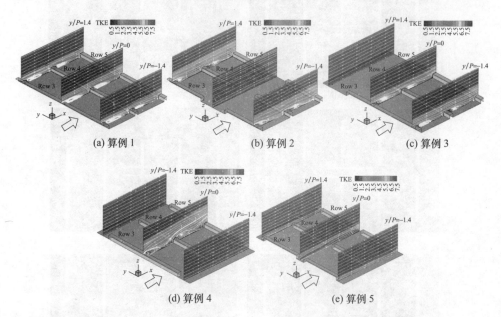

图 3.11　(见彩图)平行算例流向 $(x-z)$ 截面上的流线和湍流动能分布
($Re = 80000$,选取 3 个位置 $(x-z)$ 截面,$y/P = -1.4, y/P = 0, y/P = 1.4$。单位:$m^2/s^2$)

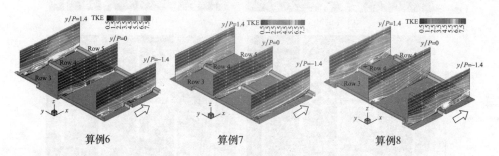

图 3.12　(见彩图)交错算例流向 $(x-z)$ 截面上的流线和湍流动能分布
($Re = 80000$,选取 3 个位置 $(x-z)$ 截面,$y/P = -1.4, y/P = 0, y/P = 1.4$。单位:$m^2/s^2$)

图 3.13 展示了在 $Re=80000$ 时平行算例下横向截面($y-z$)上的流线和湍流动能分布,选择了两个截面,分别位于 $x/P=0.5$ 和 $x/P=1.5$ 处。在翼展方向上,观察到较大的 TKE 分布主要出现在发生流动分离的肋片后面。沿着流路方向,TKE 通常非常低,没有肋片堵塞。从中心部分到侧壁,TKE 值略有增加。在翼展正态($y-z$)截面上,漩涡的分布随着截断类型和位置的不同而变化。当肋片在中间部分被截断时,在截断间隙的两侧对称地形成一对漩涡。而当肋片在一侧被截断时,只会形成一个旋转并附着在侧壁上的漩涡。

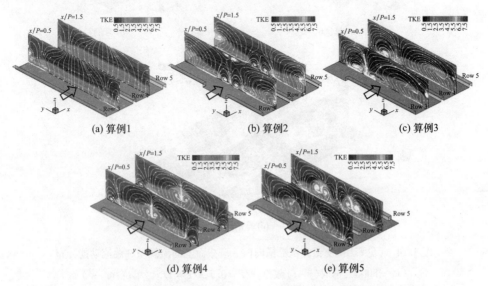

(a) 算例1　　(b) 算例2　　(c) 算例3

(d) 算例4　　(e) 算例5

图 3.13 (见彩图)平行算例沿横向($y-z$)截面上的流线型和湍流动能分布
($Re=80000$,选取($y-z$)截面,$x/P=0.5$,$x/P=1.5$。单位:m^2/s^2)

对于交错算例,流动模式变得更加复杂,如图 3.14 所示。首先,在横向($y-z$)截面上观察到更多的漩涡对。对于算例6,可以在其中找到两个同向旋转的漩涡对,每对对应于肋片中间部分的截断间隙。而在算例7中,因为截断位于两侧,漩涡变成以侧壁为边界的强烈漩涡。在算例8中发现了一个强烈的漩涡对,位于通道的中间部分(因为中间的截断间隙很大)。高湍流动能区域主要分布在发生流动分离和再循环的区域。尽管截断间隙引起的漩涡无法显著增加 TKE,但流动分离和再附着是产生较大 TKE 区域的主要现象。这些复杂的流动结构揭示了交错算例下流动的特点,漩涡的形成和分布对流动的湍流特性和换热性能起着关键作用。对这些现象的深入理解有助于优化交错肋片的设计,并提供更有效的热交换器配置。

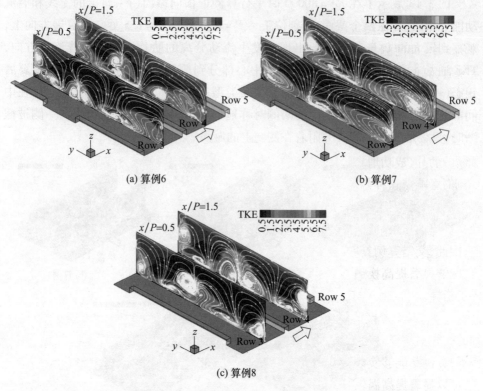

图 3.14 （见彩图）交错算例沿横向($y-z$)截面上的流线型和湍流动能分布
（$Re=80000$，选取($y-z$)截面，$x/P=0.5$，$x/P=1.5$。单位：m^2/s^2)

3.1.4 小结

通过研究具有不同截断肋片和布置的内部冷却通道来探索湍流换热的机制，以寻求最佳的热性能。采用了高纵横比矩形通道，并在底部壁上放置了截断的肋片，共设计了8种不同的肋形通道，包括各种截断类型和排列方式。在$Re=80000$的条件下，通过实验和数值模拟来研究粗糙底壁的换热和流体流动。为了测量表面温度并得出加热表面上的换热系数，采用了LCT技术。研究同时考虑了换热和压降，对所有粗糙通道的热性能进行了比较。基于已建立的湍流模型，$k-\omega$ SST模型提供了流动细节，旨在提供更深入的解释。这一模型可用于预测流动和湍流行为，从而人们帮助理解换热过程中的各种现象和机制。

（1）在研究中发现，截断的肋片在不降低换热增强效果的同时，能够减少通道内的压力损失。具体来说，对于平行布置的算例1～算例5，算例5展现出最大的换热增强效果,并且能够降低压力损失。当布置方式更改为交错布置时,如算例 6~算例 8 所示,换热效果进一步增强,这种增强与适度的压降相关联。特别是在算例 8 中,即两侧与中间截断肋片相结合的情况下,得到最大的换热增强效果。综合来看,算例 5 在换热增强方面和在 $(Nu/Nu_0)/(f/f_0)$ 和 $(Nu/Nu_0)/(f/f_0)^{1/3}$ 这两个因素上都表现出最佳的热性能。这意味着,在保持适度压降的前提下,算例 5 能够实现最大的换热增强效果,为研究中的高纵横比通道提供了最佳的热性能解决方案。

(2) 肋片后面存在着再循环流,这导致该区域的换热率较低。然而,通过采用截断的肋片,成功地在截断间隙处产生了横向涡流,并显著减少了肋片后面的再循环流的影响。这种截断肋片引起的增强的流动混合效应有助于提高通过肋片的换热效果,采用交错排列的布置方式可以进一步增强换热效果。交错排列使流动路径变得更加复杂,导致流体在通道中产生更强的湍流运动,并增强了流动的混合效应,因此,交错算例具有最大的换热增强效果。通过采用截断肋片和交错布置的组合,能够显著提高换热性能,同时保持适度的压降,这为设计高效的热管理系统提供了指导。

(3) 在考虑热性能时,对不同截断肋片和布置方式的内部冷却通道进行了详细的研究。对于涡轮叶片中高纵横比通道的应用而言,在两侧采用截断肋片的算例下,算例 5 能够实现热导率提升 10%。这意味着通过采用算例 5 中的布置方式,可以显著提高涡轮叶片内部冷却通道的热性能。此外,如果目标是在不引起相当大的压降损失的情况下增强换热效果,建议采用具有中间截断肋片的两侧布置,即算例 8。在这种情况下,观察到热导率大约提升 8%,这表明算例 8 可以在保持相对较低压降的同时提高换热效果。这些发现对于优化高纵横比通道的热管理至关重要,特别是在涡轮叶片等应用中。通过选择合适的截断肋片和布置方式,可以在不降低换热性能的前提下实现更高效的热传递,这对于提高涡轮叶片的热效率、减少能源消耗以及提升整体性能具有重要的意义。

3.2 内部冷却分型肋片设计

3.2.1 实验方法

3.2 节彩图

使用离心风机作主流驱动源,用于在长 500cm、宽 32cm、高 8cm 的矩形通道中产生流动。实验通道内的流动在上游方向具有较长的延伸部分,其长度超过进口水力直径的 10 倍,可以认为是完全展开的流动。通过实验设置来模拟这种流动环境,具体设置如图 3.15 所示。为了测量测试通道中肋壁的换热系数,采用了稳态 LCT,这种技术利用液晶材料在不同温度下显示不同颜色的特性,从而通过测量液晶显示的颜色变化来推导表面温度变化。通过将 LCT 应用于测试通道的肋壁表面,可以得出肋壁上的换热系数,进而评估不同肋形通道的热性能。

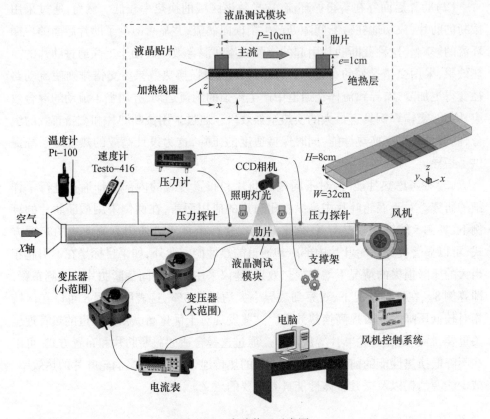

图 3.15 实验装置示意图

实验中使用的 LCT 参见文献[155-156],测试通道的材料是由具有较低热导率($\lambda = 0.2\text{W}/(\text{m}\cdot\text{K})$)的有机玻璃制成,这样可以减少沿通道壁的切向热传导和通道壁上的正常热损失。为了提供均匀的热流,底壁覆盖了加热箔。在实验中,将 R35C5W 液晶片固定在这些层的顶部,用于测量温度。为了减少热传导损失,实验段墙体背面覆盖了热导率较低($\lambda = 0.03\text{W}/(\text{m}\cdot\text{K})$)的保温材料。实验是在常压下进行的,通道入口温度约为 20℃。在实验之前对稳态液晶技术进行了校准,以获得温度和色调值之间的关系。为了减少环境光的干扰,整个验证系统被一个黑暗的外壳所包围。液晶的校准、实验装置的验证以及详细的实验步骤参见文献[156－157]。通过使用稳态液晶技术，能够以非侵入性的方式测量测试通道中肋壁的温度分布，从而计算出换热系数，这种方法具有高精度和可靠性，并且可以应用于不同材料和形状的表面。

基于分形理论在研究中设计了 4 种分形截形肋片，用于进行算例 1 到算例 4 的实验。这些实验中肋片的尺寸逐渐减小，如图 3.16 所示，这种设计的演化过程类似于康托尔集。在实验中，在底部壁上放置了 5 排肋片，并采用恒定的截断比，占总长度的 25%。截断长度沿横向均匀分布在间隔之间。为了提供高分辨率的图像并避免视角的干扰，摄像机捕获了位于第 3 排和第 5 排之间的被测区域。这种分形设计的目的是研究肋片尺寸对湍流换热的影响，通过逐渐减小尺寸，能够观察到肋片的几何特征和换热性能之间的关系。

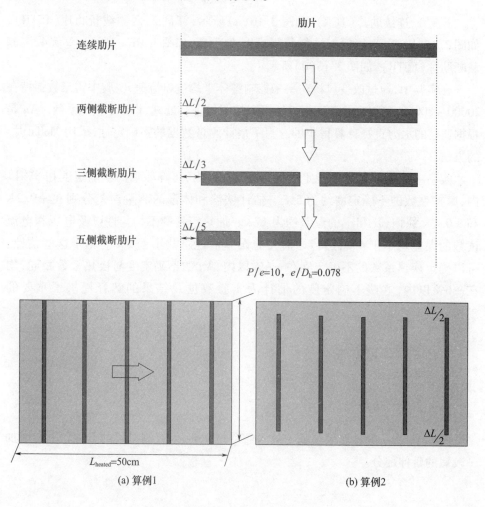

(a) 算例1 (b) 算例2

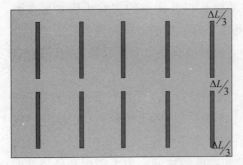
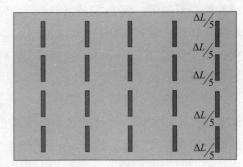

(c) 算例3 (d) 算例4

图 3.16 分形截断肋片设计过程示意图

算例1,连续肋片(TCR),如图3.16(a)所示;算例2,两侧截断肋片(TSTR),如图3.16(b)所示;算例3,三侧截断肋片(TSTR),如图3.16(c)所示;算例4,五侧截断肋片(FSTR),如图3.16(d)所示。

在实验中,通过改变风机功率来控制整体平均进口流速,实验中雷诺数保持在20000~80000。通过对CCD相机拍摄到的图像进行处理,得到了换热系数。Nu 是根据通道的水力直径计算得出的。为了估计测量数据的不确定性,采用 Moffat[125] 的方法。

实验中速度测量的不确定度保持在2%以内,压降测量的不确定度在3%以内,摩擦系数的不确定度约为5%。估计壁温和体温的测量误差分别在±0.2K和±0.1K以内,T_w 和 T_f 的温差约为17K。加热箔片的不均匀性以及电压和电流读数的误差均小于4%,热传导损失的误差估计总共小于2%。基于这些估计,可以确定换热系数的不确定度在±6%以内,Nu 的不确定度与换热系数相同,均在±6%以内,这些不确定度的估计为实验数据及结果的解释提供了重要的参考。

3.2.2 计算方法

3.2.2.1 物理模型描述

图3.17所示的计算域是基于被测通道建立的,但在测量段的上游和下游增加了较短的延伸部分。

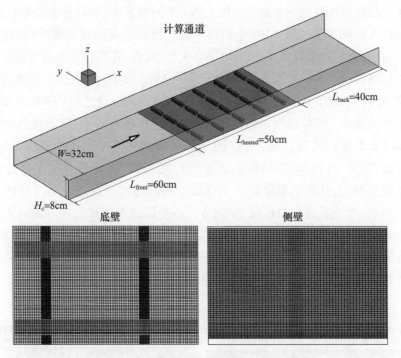

图 3.17 （见彩图）计算通道及结构网格（底壁和侧壁）

整个计算通道为长 150cm、宽 32cm、高 8cm 的矩形通道。通道的上游延伸部分长度为 60cm，下游延伸部分长度为 40cm，中间通道的底壁充当受热面。在计算中还考虑了一个截肋通道的情况，引入了九侧截断形肋（算例5）。然而，在实验中对该通道进行研究比较困难。计算中使用了 ANSYS ICEM 17.0 软件包生成网格。为确保可接受的计算精度和效率，采用了结构化网格。靠近墙体边界的网格非常密集，以满足 $k-\omega$ SST 模型对壁面的 y^+ 值要求。整个通道的网格控制总量约为 4.0×10^6，典型的结构化网格示例如图 3.17 所示。表 3.3 引出了网格独立性研究的结果，通过对网格独立性研究，确保采用的网格对计算结果的影响是可接受的，并且能够提供可靠的数值解，这对于实验研究和结果的准确性至关重要。

表 3.3 网格独立性研究

总网格数量	ΔP(Pa)	Nu_{avg}（受热壁面）
1214570	33.23	266.12
2178557	33.31	266.68
4675157	33.39	266.97
5905584	33.50	267.24

在网格独立性研究中考虑了算例2的4个网格系统,它们分别包含1.2×10^6、2.1×10^6、4.6×10^6和5.9×10^6个网格单元。比较这些网格系统发现,进出口压降和平均Nu之间的差异非常小(小于0.3%)。此外,还比较了不同网格系统计算得到的局部Nu数分布,如图3.18所示。图3.18(a)为Nu的云图。由图可以看到在不同的网格系统下并没有明显的差异。只有在两排肋片之间的下游区域可以观察到微小的差异。随着总网格数的增加,这些差异逐渐减小,例如在总网格数为4.6×10^6和5.8×10^6时。图3.18(b)为第3排和第4排肋片中心线沿线的Nu分布。由图可以看到,不同网格系统下肋片之间的Nu峰值发生了变化。随着网格总数的增加,计算结果也显示了更加一致的趋势。通过这些网格独立性研究可以得出,无论是进出口压降、平均Nu,还是局部Nu分布,在考虑的4个网格系统中都没有显著的差异。这表明可以选择较小的网格系统来进行计算,以减少计算资源的消耗,并且仍能得到可接受的结果。然而,根据具体问题的要求和可用的计算资源,可以选择适当的网格系统来获得更高的分辨率和更准确的结果。

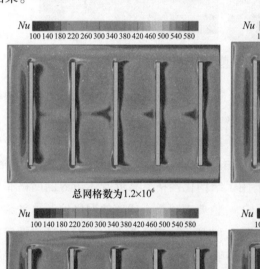
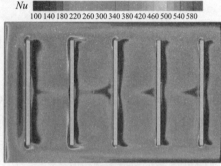
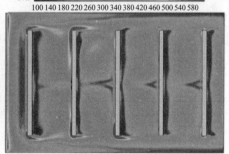

(a)

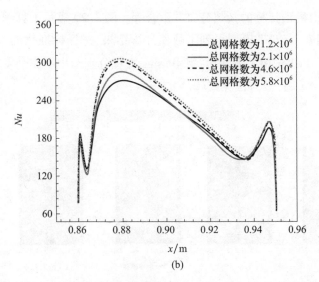

图 3.18 (见彩图)(a)不同网格系统下加热面上的 Nu 云图(算例 2);
(b)第 3 排至第 4 排中心线沿流向的 Nu 分布

3.2.2.2 边界条件及求解设置

假定出入口延伸通道为绝热边界条件,意味着它们不会有热传导。中间底壁表面热流设定为 1000W/m^2。假设所有壁面满足无滑移速度条件,在通道的入口处施加了均匀的速度和温度条件。根据实验测量结果,设定进口湍流强度为 3%。假设流体为不可压缩,并具有恒定的热物理性质(因为沿通道的空气温度变化非常小)。假设计算中通道内的流动是三维的、湍流的、稳定的和非旋转的,采用商用软件 ANSYS FLUENT 17.0 来求解控制方程。压力-速度耦合采用半隐式压力关联方程一致性算法,湍流动能、湍流耗散率和能量方程的空间离散化采用了二阶差分格式。连续性方程、动量方程和能量方程的收敛判据分别设置为 10^{-6}、10^{-6} 和 10^{-8},湍流动能方程和湍流耗散率方程的收敛判据均设置为 10^{-6} 和 10^{-6}。此外,还监测了平均温度的收敛情况,以确保计算结果的收敛性。

3.2.2.3 湍流模型的验证

图 3.19 给出了在 $Re=80000$ 时,算例 1 的实验结果与底部壁面 Nu 的数值结果的比较。对 $k-\omega$ SST 模型、$k-\varepsilon$ 标准模型、$k-\varepsilon$ RNG 模型和雷诺应力模型分别进行了测试和比较。从图中可以看出,$k-\omega$ SST 模型计算的换热结果比其他湍流模型计算的换热结果更合理。对于 $k-\varepsilon$ 模型,计算得到的流场对肋片的冲击较

强,而雷诺应力模型计算的换热分布并不合理。图 3.20 显示了算例 1 和算例 4 的 Nu 比较,采用 $k-\omega$ SST 模型得到了数值计算结果,选择标准化的 Nu/Nu_0 进行比较,由 Dittus – Boelter 相关系数[124]和 Blasius 方程分别给出了完全发展的平滑通道壁上的 Nu 值 Nu_0,计算方法见式(2.5)。

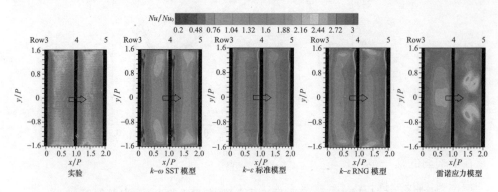

图 3.19 (见彩图)算例 1 实验结果与 4 种湍流模型数值结果对比($Re=80000$)

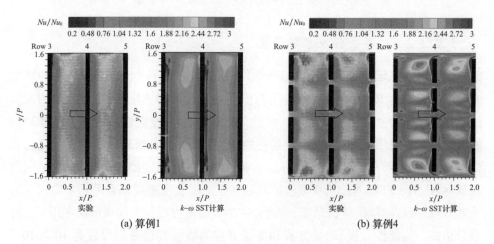

图 3.20 (见彩图)算例 1 和算例 4 实验结果与数值结果对比($Re=80000$)

进一步分析发现,实验结果与采用 $k-\omega$ SST 模型计算的结果展示了相似的标准化 Nu 分布。此外,实验和计算得到的 Nu 具有相似的数量级,说明计算模型在整体上能够准确预测换热效果。然而,数值计算预测结果在靠近肋部的区域并不理想,实验研究揭示了这些区域的 Nu 较数值计算所得到的对应区域要低。这表明,在该区域的湍流流动特性和换热机制可能存在一些尚未被准确捕捉的因素,需要进一步改进模型或者增加精细化的计算方法。值得注意的是,对于不同的实验情况,数值计算结果与实验结果在换热分布和大小上都展现出较好的一致性。这

为采用 $k-\omega$ SST 模型进行数值计算提供了可靠的基础,并表明该模型能够提供实验所需的流场细节信息。

3.2.3 结果分析

3.2.3.1 LCT 实验

图 3.21 算例 1~算例 4 为 $Re=80000$ 时 LCT 实验的带肋底面 Nu 云图(算例 1~算例 4)。包括选取了肋片第 3 排和第 5 排之间的区域,并利用 CCD 相机在适当的视角下进行捕捉。在相邻的两肋之间,顺流方向的 Nu 呈现先增加后减少的趋势,这是因为在这一区域存在流动再循环的现象,导致换热面积最小的区域主要位于肋片下游。在横向上,从中心线到两侧壁面 Nu 呈现增加的趋势,这意味着换热效果在沿横向的这一范围内逐渐提升。当肋片被间隙截断时,肋片下游的循环流受到横向流动的干扰,主流被推至低压区域,从而增加了换热效果。压力分布由 3.2.3.2 节计算部分所示。截断的间隙产生了横向流动,并且这种横向流动由较大的压差驱动。截断肋后的尾迹区域类似于嵌在光滑壁上的钝体尾迹区域。从图中可以观察到,在截断间隙附近,局部换热系数明显增加,这说明截断肋片结构在该区域引起了更强的流动和换热效应。然而,在不同的截断尺度下,从算例 2 到算例 4 Nu 的分布是相似的。在分形截断肋的演化过程中,Nu 的大小和分布基本保持一致,这意味着尽管截断肋片的形状有所改变,但整体上换热效果并没有显著变化。分形过程中观察到的变化主要体现在尺度上的分布,从中心线到两侧壁面,整体趋势是 Nu 逐渐增加。这表明,在流场横向上,换热效果逐渐增强。然而,长度尺度最小的分形截肋(算例 4)并没有引起 Nu 分布的显著变化。

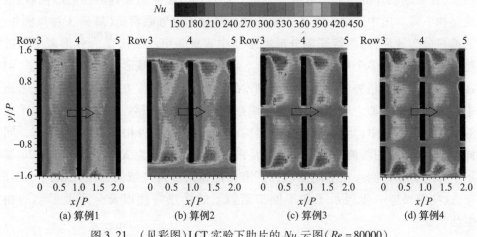

图 3.21 (见彩图)LCT 实验下肋片的 Nu 云图($Re=80000$)

图 3.22 展示了在不同雷诺数下进行 LCT 实验得到的五侧截断肋（算例4）的 Nu 云图。从图中可以观察到，随着雷诺数的增加，Nu 整体上呈现增加的趋势。这表明随着流体速度的增加，换热效果也随之提高。不同雷诺数下的 Nu 分布规律相似，说明雷诺数对换热特性的影响是一致的。在不同雷诺数下，从中心线到两侧壁面的分布总体上呈现增加的趋势，这意味着，在横向上换热效果逐渐增强。从图中还可以观察到，分形截断肋在不同雷诺数下的特性相似，这说明分形截断肋在不同流动条件下具有相似的换热行为。此外，各个截断肋片的下游换热分布也呈现出相似的特征。

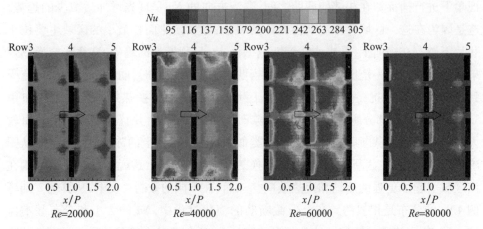

图 3.22 （见彩图）LCT 实验下五侧截断肋（算例4）的 Nu 云图

图 3.23 为不同雷诺数下第 3 排至第 5 排区域的 Nu 横向分布。由图可以观察到前面提到的分布特征。对于单一截形肋片，换热峰值出现在肋片的两侧。然而，在截断肋片的中心部分换热较低。经过两个截断间隙处的换热峰值后，换热迅速下降。图中还展示了单一截断肋和演化的分形截断肋（算例 3 和算例 4）的换热分布特征，这些特征在分形截形肋中表现为更小的尺度。分形截形肋的趋势特征表现为多个单截形肋的组合。此外，尽管分形截形肋的尺度扩大了，但在横向上的总体趋势保持不变。例如，在所有情况下 Nu 在横向方向上从通道中心线到侧壁增加。Nu 的分布与雷诺数无关，不同雷诺数下的 Nu 分布几乎相似。在通道流动中，当层流充分发展时，Nu 与雷诺数的相关性约为 $Re^{0.5}$。同样，在完全发展的湍流流态下，Nu 与雷诺数的相关性约为 $Re^{0.8}$[124]。图 3.24 展示了算例 2 和算例 4 在不同雷诺数下第 3 排和第 5 排区域的标准化横向 Nu 分布，这些结果进一步展示了在不同雷诺数下的换热特性以及分形截形肋的相似性。

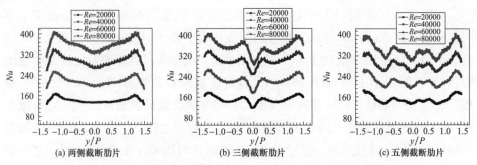

图 3.23 （见彩图）不同雷诺数下第三排和第五排区域内的横向 Nu

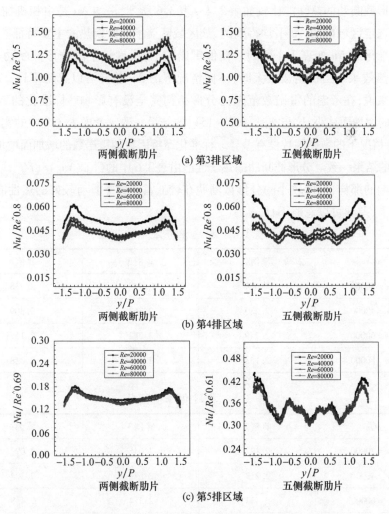

图 3.24 （见彩图）不同雷诺数下算例 2 和算例 4 第 3 排和第 5 排区域标准化的横向 Nu 分布（Nu 由 $Re^{0.5}$、$Re^{0.8}$ 和基于最小标准差之和的值标准化）

用因子 $Re^{0.5}$ 和 $Re^{0.8}$ 标准化 Nu。从图中可以看出,不同标准化因子改变了不同雷诺数下的 Nu 分布。例如,当应用标准化因子 $Re^{0.5}$ 时,$Re=20000$ 处的 Nu 最低。然而,当应用标准化因子 $Re^{0.8}$ 时,Nu 最高。根据各测点标准差之和最小的原则,对于算例2、算例3和算例4,Nu 与雷诺数的相关性分别为 $Re^{0.69}$、$Re^{0.64}$ 和 $Re^{0.61}$。在截断肋壁上的流动既包含流动分离又包含流动再附着,对于肋壁,他人研究的 Nu 与雷诺数的共同相关系数在 $Re^{0.6} \sim Re^{0.75}$ 之间[8,10,13],与本研究结果吻合较好。不同长度尺度的分形肋的 Nu 与雷诺数的相关性在 $Re^{0.6} \sim Re^{0.75}$ 之间变化。分形截形肋的演化过程中基本换热性能没有变化。

分形截断肋的热性能比较如表3.4~表3.6所列,平均 Nu 是由相机捕获区域的所有选定区域内的 Nu 平均得到的,该区域涵盖了肋壁换热的主要特征。

标准化的 Nu 如表3.4所列。在低雷诺数下,尺度较小的分形截断肋具有较好的换热效果。当雷诺数较大时,不同情况下的 Nu 差异可以忽略不计。对于摩擦因数来说,在考虑的雷诺数范围内分形结构完全没有影响。标准化的 Nu 随着雷诺数的增加而减小,这与文献[153-154]的结果一致。考虑表3.5中的实验误差时,所有情况下的摩擦因数没有差异。标准化摩擦因数随雷诺数的增加而增加,与其他文献的结果一致。分形截断肋的热学性能由表3.6中的 $(Nu/Nu_0)/(f/f_0)^{1/3}$ 给出,正如预期的那样,尺度较小的分形截断肋在较低雷诺数下具有较好的热性能,在高雷诺数下,差异可以忽略不计。

表3.4 标准化努塞尔数

Nu/Nu_0	算例2	算例3	算例4
$Re=20000$	2.604	2.740	2.718
$Re=40000$	2.280	2.368	2.309
$Re=60000$	2.249	2.282	2.167
$Re=80000$	2.168	2.124	2.048

表3.5 标准化摩擦因数

f/f_0	算例2	算例3	算例4
$Re=20000$	2.122	2.046	2.097
$Re=40000$	2.219	2.239	2.324
$Re=60000$	2.433	2.514	2.438
$Re=80000$	2.715	2.679	2.666

表 3.6　热力性能对比

$Nu/Nu_0/(f/f_0)^{(1/3)}$	算例 2	算例 3	算例 4
$Re = 20000$	2.031	2.163	2.129
$Re = 40000$	1.752	1.814	1.748
$Re = 60000$	1.677	1.683	1.614
$Re = 80000$	1.559	1.534	1.482

3.2.3.2　数值计算

通过数值计算得到了带肋通道的湍流流场。图 3.25 为使用 $k-\omega$ SST 模型的壁面 y^+ 分布云图。且有

$$y^+ = y\frac{\mu_\tau}{v}, \quad \mu_\tau = \sqrt{\frac{\tau_w}{\rho}} \tag{3.4}$$

式中：τ_w 为壁面剪切应力；μ_τ 为摩擦速度。

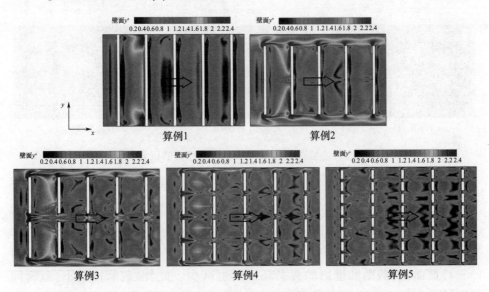

图 3.25　（见彩图）计算通道底面肋壁上的 y^+ 分布

原理上，$k-\omega$ SST 模型要求壁面 y^+ 接近于 1。较大的 y^+ 值，意味着较大的剪切应力和摩擦速度。这些区域是强流动碰撞和流动分离发生的区域。因此，很难确保所有壁面的 y^+ 值都在要求范围内。从图 3.25 可以看出，大多数底部 y^+ 区域的值都在 1 附近或以下，计算结果符合 $k-\omega$ SST 模型的要求。

图 3.26 为 $Re=80000$ 时所有算例下底面的压力分布,从图中可以观察到,在流动碰撞发生的区域通常存在高压区。低压区通常位于肋片的下游,是再循环流产生的地方。截断肋可以破坏低压区的形成,从而减少再循环区域。随着分形截形肋的尺度变小,从算例 2 到算例 5,低压区逐渐减弱,并且分布更为分散。改变截形肋的形状和尺度可以有效地调控流动中的高压区与低压区的位置及强度。

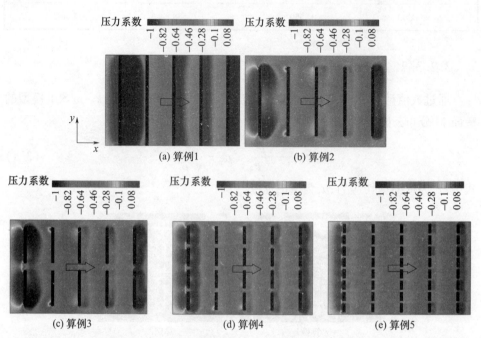

图 3.26 (见彩图)计算通道底面肋壁上的压力分布

图 3.27 对比展示了 $Re=80000$ 时连续算例(算例 1)和截断算例(算例 4)下流线和湍流动能分布,其中,流线图展示了中心线及通过两侧截断肋片的 $(x-z)$ 截面。通过图中的结果可以看出,截断肋壁内的再循环区域显著减弱。与预期相符,在截断间隙的中心线平面上没有再循环流形成。在流向法向 $(x-z)$ 截面上,截断肋壁内的再循环区域也减少。此外,截断情况下,截断间隙区域的湍流动能显著降低,这些观察结果揭示了截断肋壁对流动特性和湍流行为的影响。截断肋壁的引入有效地减少了再循环区域,特别是在截断间隙附近。

图 3.28 为 $Re=80000$ 时沿流向展向 $(x-y)$ 截面上的流线和湍流动能分布,图中,$(x-y)$ 截面位于靠近底壁的位置,即位于 $z/e=0.5$ 的截面处。由图中的结果

可以发现,在截断间隙中形成了一对反向旋转的漩涡,这些展向漩涡强化了流动的混合过程,进而增强了换热效果。漩涡的强度在展向上发生变化,靠近侧壁的漩涡较为强烈,值得注意的是,随着分形截断肋的尺度减小,流型保持一致。较小尺度的分形肋产生的漩涡强度较大,并且在各肋排下游的再循环流区域更明显,形成更强的混合效应,从而增强换热。与此同时,随着分形截断肋的演化,漩涡强度在流动再附着区逐渐减弱。总体而言,随着截断肋尺度的减小,湍流动能的分布趋向均匀。

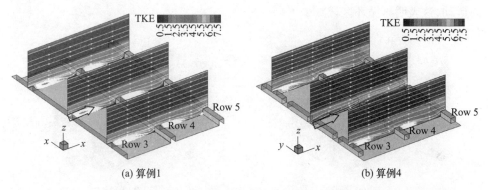

图 3.27　（见彩图）连续算例和截断算例下在 $(x-z)$ 截面流线和湍流动能的分布对比（$Re=80000$；一个在中心线上,另外两个跨过靠近侧壁的截断肋片的中心线。单位:m^2/s^2）

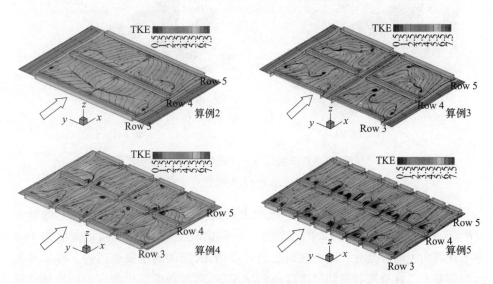

图 3.28　（见彩图）流向展向 $(x-y)$ 截面上流线和湍流动能分布（$Re=80000$；$x-y$ 截面位于 $z/e=0.5$）

图 3.29 为 $Re=80000$ 时垂直于流向($y-z$)截面上的流线和湍流动能分布,其中选取了 $x/P=0.5$ 和 $x/P=1.5$ 两个展向正截面。由图中的结果可以发现,在不同的展向正截面上流动模式存在微小的变化,这是因为受到肋排数量有限的限制,流动无法在肋面上完全发展。湍流动能较大的区域主要位于产生强剪切流的流动再附着区。截断肋对湍流动能分布产生影响,在截断间隙中,湍流动能通常较低,多截断肋的分形结构使得湍流动能分布更加分散。随着截断肋尺寸的减小,展向流动逐渐消失。在展向法向段($y-z$)中,流动直接向下撞击壁面,没有出现任何展向运动,这表明再循环区域减少了。

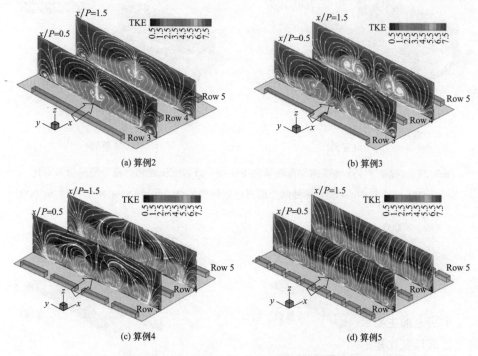

图 3.29 (见彩图)垂直于流向($y-z$)截面上的流线和湍流动能分布
($Re=80000$,选择 $x/P=0.5$,$x/P=1.5$ 两个 $y-z$ 截面。单位:m^2/s^2)

图 3.30 为垂直于流向($y-z$)截面上的流线和湍流动能分布,其中选择了 $x/P=0$,$x/P=1.0$ 和 $x/P=2.0$ 三个($y-z$)截面。类似地,沿展向正截面的 TKE 分布在流向上略有变化。随着截断肋的长度增加,流动的主要通道向上移动并被推到侧壁上。在分形截形肋尺度减小的情况下,这些截面只出现向上的流动。算例 2 到算例 5 分形截形肋的湍流动能分布更加均匀,这是因为随着网格长度尺度的减小,由于网格长度尺度的限制,涡流的数量减少甚至消失。

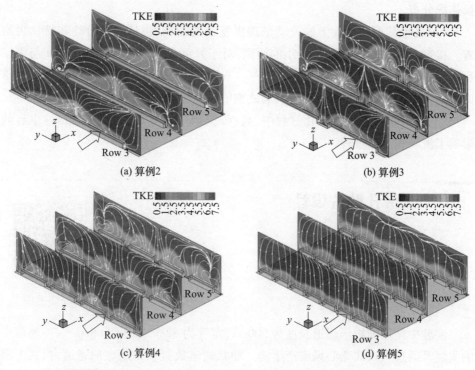

图3.30 (见彩图)垂直于流向(y-z)截面上的流线和湍流动能分布
(Re = 80000,选取了 x/P = 0, x/P = 1.0, x/P = 2.0 三个 y-z 截面。单位: m^2/s^2)

3.2.4 小结

本研究的主要目的是将分形理论应用于燃气轮机叶片内冷却截形肋的设计,通过在高长宽比矩形通道中放置截断肋片于底部壁上进行了一系列实验。稳态液晶热像仪用于测量表面温度,并计算加热表面的换热系数。实验重点关注了原始肋片通道(算例1)的对称性演化,包括两侧截断肋片(算例2)、三侧截断肋片(算例3)和五侧截断肋片(算例4)。为了进一步比较,还引入了九侧截肋通道(算例5)。在考虑换热和压降的情况下,比较了所有粗加工通道的热性能。湍流流动细节通过建立湍流模型 k-ω SST 进行数值计算。

(1)结果显示,截断肋片能够减少压力损失,同时不降低测试通道中的换热增强效果,截断间隙附近的局部换热系数显著提高。在低雷诺数下,具有较小长度尺度的分形截形肋表现出较高的换热性能。在高雷诺数下,不同情况下的 Nu 差异可以忽略不计。一般而言,具有较小长度尺度的分形截形肋能够实现更加均匀的换热场分布。

(2) 分形截形肋壁面上的流动呈现出复杂的结构,包括流动分离和流动再附着。根据各测点标准差之和最小的原则,对于算例2、算例3和算例4,Nu与雷诺数的相关性分别为$Re^{0.69}$、$Re^{0.64}$和$Re^{0.61}$。不同长度尺度的分形截形肋的Nu与雷诺数的相关性在$Re^{0.6} \sim Re^{0.75}$之间,与之前的研究结果相符。

(3) 在分形截形肋的演化过程中,高Nu区域的分布规律保持一致,这也有效影响了流场的演化过程。

3.3 带孔肋片设计

3.3.1 实验方法

3.3节彩图

实验中使用的矩形通道长度为500cm、宽度为32cm、高度为8cm[6-7],通道中的主流是通过吸入式离心风扇产生的。肋状通道放置在树脂玻璃通道内,其上游延伸部分的长度约为D_h的20倍,确保流动能够充分发展。通道的入口设计成钟形,以稳定入口湍流。稳态液晶技术用于测量肋壁的换热系数。测试通道采用热导率较低($\lambda = 0.2\text{W}/(\text{m}\cdot\text{K})$)的树脂玻璃制成,以减少沿通道壁的切向热传导和通过通道壁的正常热损失。通道底壁覆盖着CALESCO的加热箔,以产生均匀的热通量,加热箔的间隙为0.6mm,R35C5W液晶片粘贴在这些层的顶部以测量温度。实验段壁的背面涂有隔热层($\lambda = 0.03\text{W}/(\text{m}\cdot\text{K})$),以减少热传导损失。在实验之前,对LCT片进行了校准,以建立温度和相应色调值之间的关系,液晶图像由分辨率为1600×1200像素的CCD相机采集。整个测试系统被黑暗外壳包围,以防止环境光的干扰,光环境与校准实验中的光环境相同。实验设置如图3.31所示。

实验段和三种带孔肋片的布置如图3.32所示,在实验段上布置了5个肋,带孔肋片则放置在第3排和第4排的中间位置。带孔肋片的总长度为8cm,横截面为1cm×1cm。摄像机的焦点集中在第3排和第4排之间的带孔肋片区域,旨在提供换热场的更多细节。本研究设计了3种不同的带孔肋片,穿孔比θ定义为中空区域的面积与实心区域的面积之比,通过调整穿孔比,可以改变带孔肋片的几何形状和结构,进而影响其换热性能。

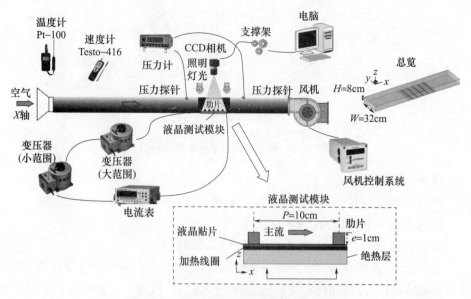

图 3.31 实验装置和液晶测试模块示意图

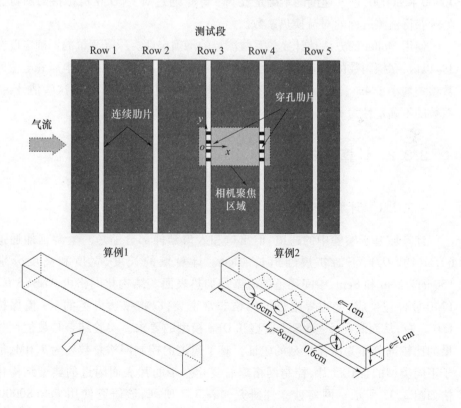

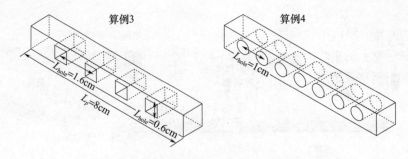

图3.32 测试截面和带孔肋片示意图

算例1:连续肋片。
算例2:带孔肋片(间隔较大的圆孔,$\theta=0.176$)。
算例3:带孔肋片(方孔,$\theta=0.225$)。
算例4:带孔肋片(间距较小的圆孔,$\theta=0.282$)。

在实验中,通过控制风机的功率来控制入口流速,选择进气温度作为参考温度来计算流体属性,入口和出口之间的温度变化在1K以内。实验中雷诺数设置为40000和80000,进气速度的不确定性为±2%,通过对CCD相机拍摄的图像进行处理获得被测表面的对流换热系数。

使用Moffat的方法估计换热系数测量的不确定性。压降测量的不确定度在±3%以内,摩擦因数的不确定性约为±6%,加热箔的不均匀性以及电压和电流的读数误差均小于4%,热传导损耗的计算误差估计共小于2%。根据这些估计,换热系数的不确定性为±6%,Nu的不确定性与换热系数类似,为±6%。

3.3.2 计算方法

3.3.2.1 计算域和网格

计算域基于实验中的通道,但出口和入口延伸部分缩短。上游延伸通道长60cm(约$5D_h$),下游扩展通道长40cm。计算域的长度、宽度和高度分别为150cm、32cm和8cm,中间通道的底壁是加热表面。结构化网格由ANSYS ICEM 17.0软件包生成,壁边界附近的网格非常密集,以将壁边界上的$y+$值保持在1.0左右,从而满足$k-\omega$ SST模型和DES模型的要求。实验结果与数值计算结果的比较部分作为湍流模型的验证。整个通道的控制网格总数约为7.0M,但对于不同类型的带孔肋片,控制网格略有变化。带肋片表面附近的典型结构化网格如图3.33所示。网格独立性研究如表3.7所列,该研究使用$Re=80000$的

$k-\omega$ SST 模型对算例 1 进行调查。测试了 4 个网格系统,总网格数分别为 4044800、5664531、7658244 和 8576268。比较入口和出口之间的总面积加权压降以及加热壁上的平均 Nu。从图中可以看出,网格系统都显示出非常精确的压降预测结果。网格系统之间的平均 Nu 的误差,即 5664531、7658244 和 8576268 的平均 Nu 的误差非常小,小于 0.1%。考虑到后续的大量计算要求,7658244 的网格系统是合适的。

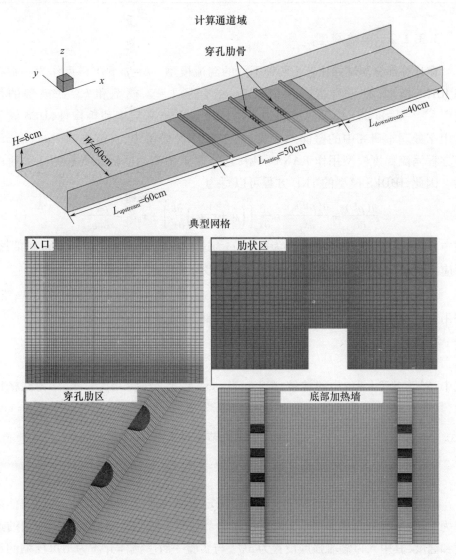

图 3.33 计算通道和典型结构网格示意图

表3.7 网格独立性研究(算例1)

总网格数	ΔP(Pa)	Nu_{avg}(加热面)
4044800	36.45	260.50
5664531	36.47	262.33
7658244	36.42	262.34
8576268	36.45	262.37

3.3.2.2 湍流模型

在计算部分测试并比较了两种不同的湍流模型。$k-\omega$ SST 模型作为一种稳态 RANS 模型,是一种混合湍流模型,结合了 $k-\varepsilon$ 模型和 $k-\omega$ 模型的优点[94,158]。$k-\omega$ SST 模型的解在边界层区域显示出高精度和鲁棒性,DES 模型适用于处理本研究中的壁面约束流动,在 IDDES 模型中,将改进的 Menters SST 双方程涡流黏度模型用作 RANS 模型,它修改了湍流动能输运方程的耗散速度项。因此,IDDES 模型的 TKE 方程可以写为

$$\frac{\partial(\rho k)}{\partial t}+\frac{\partial(\rho u_j k)}{\partial x_j}=\frac{\partial}{\partial x_j}\left[\left(\mu+\frac{1}{\sigma}\mu_t\right)\frac{\partial k}{\partial x_j}\right]+\tau_{ij}S_{ij}-\frac{\rho k^{3/2}}{L_{IDDES}} \quad (3.5)$$

式中:t 为时间;k 为湍流动能;ρ 为密度;u_j 为速度;μ 为分子黏度;μ_t 为湍流黏度;τ_{ij} 为应力张量;S_{ij} 为平均应变率张量;L_{IDDES} 为 IDDES 长度尺度[159],且有

$$L_{IDDES}=\tilde{f}_d(1+f_e)L_{RANS}+(1-\tilde{f}_d)L_{LES} \quad (3.6)$$

式中:L_{RANS} 为 RANS 的长度尺度;L_{LES} 为 LES 的长度尺度,分别被定义为

$$L_{LES}=C_{DES}\Delta, L_{RANS}=\frac{k^{1/2}}{\beta^*\omega'} \quad (3.7)$$

式中:β^* 为 SST $k-\omega$ 中的常量;$\Delta=\min\{\max\{C_w\Delta_{max},C_w d,\Delta_{min}\},\Delta_{max}\}$ 为网格比例,其中 C_w 表示经验常数,d 为到近墙的距离,$\Delta_{min}=\min\{\Delta x,\Delta y,\Delta z\}$,$\Delta_{max}=\max\{\Delta x,\Delta y,\Delta z\}$ $\tilde{f}_d=\max\{(1-f_{dt}),f_B\}$,更多细节参见文献[41]。

3.3.2.3 边界条件和求解器设置

实验中,在通道的中间端壁上施加了恒定表面热通量 $1000W/m^2$,假设其他端壁为绝热,所有壁面都采用了无滑移速度边界条件。通道入口处设定了均匀的速度和温度,其中入口湍流强度设置为 3%,与实验一致。流体介质为不可压缩的干燥空气,并具有恒定的热物理特性。

对于 $k-\omega$ SST 模型,使用 ANSYS FLUENT 17.0 来求解控制方程。压力-速

度耦合采用了 SIMPLEC 算法。在空间离散化方面,选择二阶差分格式来处理湍流动能、湍流耗散率和能量方程。能量方程的收敛残差设置为 10^{-8},而其他方程的收敛残差设置为 10^{-5}。

对于 DES 模型,选择 Coupled 方法进行压力-速度场处理。在空间离散化方面,选用二阶差分格式对湍流动能、湍流耗散率和能量方程进行处理。在时间上,选择二阶隐式方法来进行瞬态求解,动量方程的离散化采用了中心差分格式。每个时间步长的收敛标准设置为 10^{-4},而时间步长被设置为 0.0003s。通过进行 6 个通道流经时间的选择,获得了时间间隔内的换热和流场信息,以考察随时间演变的热传递和流动特性。

3.3.3 结果分析

3.3.3.1 LCT 实验

图 3.34 为 $Re = 80000$ 的情况下肋片的 Nu 等值线分布。为了获得准确的结果,摄像机聚焦于带孔肋片。通常情况下,高换热区域位于相邻肋片之间的中间部分,这是附面层流动的再附着和再发展引起的。由于再循环流动的影响,低换热区域通常位于肋片后方,靠近下一个肋的区域增加的气流冲击导致热传递增加。与普通肋片(算例1)相比,带孔肋片(算例2~算例4)在肋片后方的低换热现象得到了显著改善。如果在带孔肋片上增加更多的孔(算例4),即增加穿孔率,这种现象将更加明显。当肋片中的穿孔率增加时(算例4),换热场变得更加均匀。然而,在穿孔情况下,流动再附着区的高换热现象似乎有所减弱。类似的 Nu 等值线分布趋势也在图 3.35 中显示了 $Re = 40000$ 的肋片的情况。因此,与普通肋片相比,带孔肋片的换热现象与雷诺数无关。

所有情况下加热表面的平均 Nu 如图 3.36 所示,选择区域 1 和区域 2 两个平均区域,区域 1 是带孔肋片周围的整个加热区域,区域 2 是靠近肋片的区域,其中存在再循环流,详细位置可以通过图 3.34 和图 3.35 中的坐标来确定。区域 1 的相关性为

$$\overline{Nu} = \frac{\int_{-0.4(y/P)}^{+0.4(y/P)} \int_{0.12(x/P)}^{0.97(x/P)} Nu(x,y) \mathrm{d}x \mathrm{d}y}{A} \tag{3.8}$$

区域 2 的相关性为

$$\overline{Nu} = \frac{\int_{-0.4(y/P)}^{+0.4(y/P)} \int_{0.12(x/P)}^{0.32(x/P)} Nu(x,y) \mathrm{d}x \mathrm{d}y}{A} \tag{3.9}$$

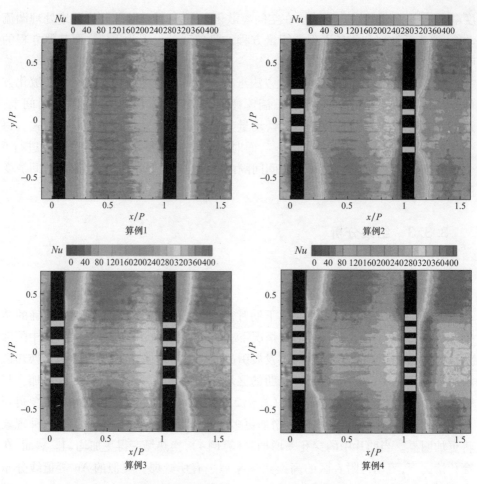

图 3.34 （见彩图）不同带孔肋片测试表面上的 Nu 云图（$Re = 80000$）

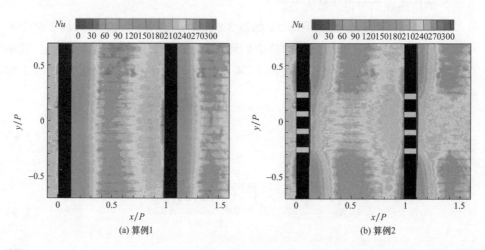

(a) 算例1　　　　　　　　　　　(b) 算例2

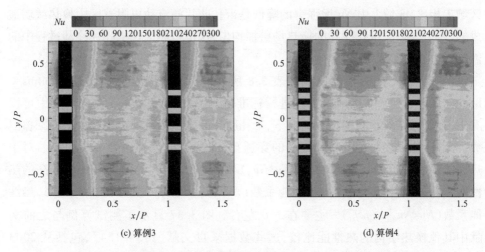

(c) 算例3 (d) 算例4

图 3.35 （见彩图）不同带孔肋片测试表面上的 Nu 云图（$Re=40000$）

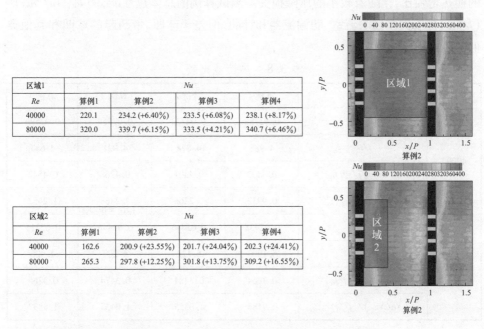

区域1	Nu			
Re	算例1	算例2	算例3	算例4
40000	220.1	234.2 (+6.40%)	233.5 (+6.08%)	238.1 (+8.17%)
80000	320.0	339.7 (+6.15%)	333.5 (+4.21%)	340.7 (+6.46%)

区域2	Nu			
Re	算例1	算例2	算例3	算例4
40000	162.6	200.9 (+23.55%)	201.7 (+24.04%)	202.3 (+24.41%)
80000	265.3	297.8 (+12.25%)	301.8 (+13.75%)	309.2 (+16.55%)

图 3.36 （见彩图）所有算例下平均 Nu 的比较

通过比较不同雷诺数下的平均 Nu 可以看出：与算例 1 中的普通肋相比，在区域 1 内带孔肋片的换热增强约为 5%。不同带孔肋片的换热增强因子变化不大，但在算例 4 中换热略有增强，在低雷诺数下，换热增强程度稍高。然而，在区域 2 内，局部热传递增强了 10%~20%。区域 2 是带孔肋片发挥主要作用的区域，与区域 2 相比,区域 1 中 Nu 增强率的降低是带孔肋片的流动再附着区中换热减弱造成的。综上所述,带孔肋片的换热场更加均匀,这也是燃气轮机叶片冷却过程中的温度场分布的一项重要指标。

所有算例下的热性能比较如表 3.8 所列,Nu 和摩擦因数分别通过 Dittus – Boelter 关联式[124]和 Blasius 方程进行标准化,计算方法见式(2.5)。从表中可以看出,在低雷诺数和高雷诺数情况下,带孔肋片的摩擦因数都小于普通肋的摩擦因数。此外,如果在肋片上布置更多的穿透孔,即算例 4,摩擦因数变得更小。对于热性能系数$(Nu/Nu_0)/(f/f_0)$或$(Nu/Nu_0)/(f/f_0)^{1/3}$,穿孔的情况都表现出高的热性能。f/f_0 主要在 5.0 左右,热性能系数$(Nu/Nu_0)/(f/f_0)$主要在 0.3 ~ 0.4,热性能系数$(Nu/Nu_0)/(f/f_0)^{1/3}$主要在 1.0 左右。图 3.37 显示了测试算例与之前文献中其他换热结构的热性能比较,这些数据来自文献[153 – 154],包括从 2003 年之前进行的调查中获得的各种来源的数据。实验中测试的情况具有相对较小的换热增强比,伴随着较小的压降损失。测试算例的总体热性能,例如$(Nu/Nu_0)/(f/f_0)$,优于大多数涡流室、肋湍流器和针肋,但差于球凹、带凸起的球凹和其他类似的表面粗糙结构。

表 3.8 热性能比较

Re	参数	算例 1	算例 2	算例 3	算例 4
40000	f	0.02786	0.02723	0.02754	0.02596
	f/f_0	4.988	4.874	4.931	4.647
	$(Nu/Nu_0)/(f/f_0)$	0.3402	0.4301	0.4268	0.4542
	$(Nu/Nu_0)/(f/f_0)^{1/3}$	0.9932	1.2366	1.2368	1.2652
80000	f	0.02438	0.02406	0.02446	0.02311
	f/f_0	5.1903	5.122	5.207	4.920
	$(Nu/Nu_0)/(f/f_0)$	0.3064	0.3484	0.3474	0.3766
	$(Nu/Nu_0)/(f/f_0)^{1/3}$	0.9185	1.0355	1.0437	1.0897

图 3.38 显示了不同雷诺数下第 3 排和第 4 排之间沿流向的平均 Nu 分布。通过对选定区域 1 中翼展方向上的大量数据点进行平均,获得气流方向上的每个数据点。

$$\overline{Nu} = \frac{\int_{-0.4(y/P)}^{+0.4(y/P)} Nu(y)\,\mathrm{d}y}{0.8(y/P)} \tag{3.10}$$

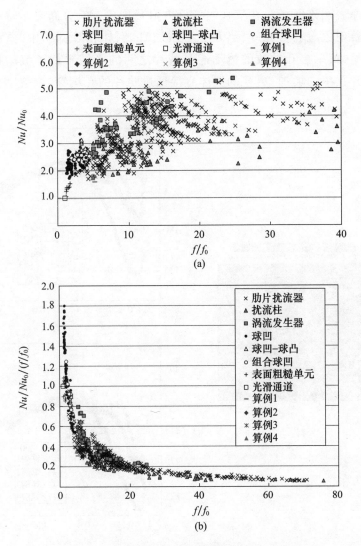

图 3.37 （见彩图）换热强化结构的热性能比较

对于实验中肋表面上的流动结构,可以观察到以下特征:流动回流区通常出现在 $x/P=0.1\sim0.3$ 的范围内,而流动再附着区通常位于 $x/P=0.3\sim0.6$ 的范围内。在回流区,带孔肋片的 Nu 远高于普通肋片的 Nu。带孔肋片极大地改善了流动再循环区域中的热传递较低现象,特别是在具有最大穿孔比的算例 4,在流动再循环区域显示出最高的热传递效果。因此,通过增加穿孔率,即在肋片上布置更多的孔,可以进一步改善换热效果。然而,在流动再附着区情况完全不同,在这个区域算例 4 的热传递最低,而算例 1 的热传递最高。算例 1 中的高热传递表明该区域存在较强的气流再附着现象，Nu分布显示穿孔情况下流动再附着现象减弱。此外，当开孔率增加时，例如在算例4中，这种减弱效果更加明显，似乎穿孔导致的流动通过肋片之间的区域干扰了流动再附着现象。随着开孔率的增加，更多的流体直接通过肋片的孔洞穿过，扰动作用更加强烈。

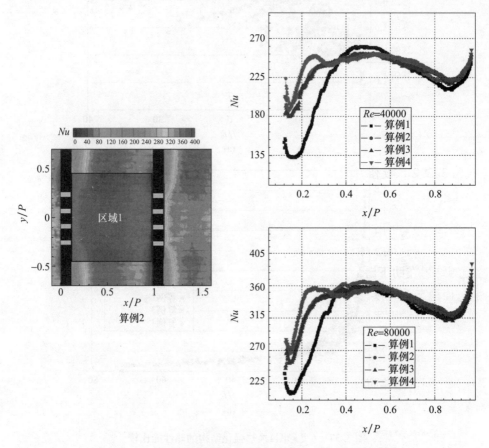

图3.38　（见彩图）两肋排之间沿流向的Nu分布（$Re=80000$）

表3.9列出了图3.38中顺流Nu的统计数据，以比较Re为40000和80000时的Nu。标准偏差是衡量数据偏离平均值的总体离散程度的指标，较小的标准偏差值表示Nu分布更加均匀。在两个雷诺数下，算例1显示出最大的标准偏差值。而对于穿孔情况，算例4具有最小的标准偏差值。总体而言，相比于普通肋片（算例1），穿孔的情况（算例2、算例3和算例4）呈现出更均匀的换热场。特别是在算例4中，穿孔率最大，换热系数的均匀性最好。

表3.9　图3.38中 Nu 分布的统计信息

Re	算例	平均值	标准偏差	最小值	中位数	最大值
40000	算例1	220.77	37.26	131.76	229.69	260.48
	算例2	234.18	14.69	193.16	238.15	252.39
	算例3	233.52	17.26	179.45	237.29	252.25
	算例4	238.10	14.30	186.64	243.25	256.76
80000	算例1	320.03	41.57	209.81	327.75	368.49
	算例2	339.67	23.85	251.93	346.03	366.32
	算例3	333.55	25.20	245.68	342.01	367.17
	算例4	340.75	19.40	269.74	347.07	391.11

3.3.3.2　数值计算

图3.39为聚焦区域内实验结果和模拟结果的比较，提供了算例1和算例3的热传递结果用于对比，分别应用和比较了两种不同的湍流模型。从图中可以观察到，与实验结果相比，两种模型都提供了相对准确的换热场预测。DES模型的预测结果在肋下游的局部区域稍微偏高，这是因为带孔肋片下游的流动是强湍流，而稳态LCT实验结果包含了展向热传导的微小部分。DES模拟是一种非稳态模拟，结果平均了不同时间步长的非稳态换热特性，与 $k-\omega$ SST 模型获得的结果相比，不同时间步长的非稳态换热结果的平均值较大。此外，在肋的上游区域，DES模型预测的热传递也略高于 $k-\omega$ SST 模型的预测结果，实验结果介于两个计算结果之间。总体而言，这两种湍流模型为热传递场的总体分布提供了准确的预测结果。

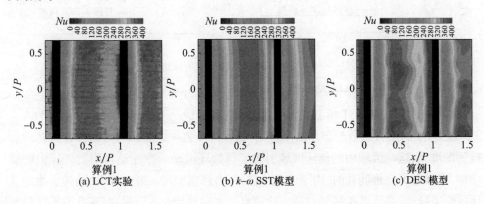

(a) LCT实验　　(b) $k-\omega$ SST模型　　(c) DES模型

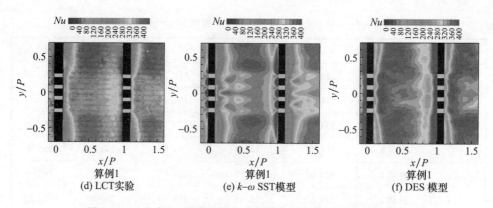

图 3.39 (见彩图)摄像机聚焦区域实验结果与仿真结果的比较

图 3.40 为 $Re=80000$ 时实验和计算得到的两肋片之间顺流 Nu 分布的比较,提供了算例 1 和算例 3 的强化传热结果对比。通过对选定区域 1 内翼展方向上的数据点进行平均,可以获得气流方向上每个数据点的平均值,对于算例 1,DES 模型的结果稍高于实验数据在肋下游区域($x/P<0.2$)和上游区域($x/P>0.9$)。而 k-ω SST 模型的计算结果略低于相同区域的实验数据。对于算例 3,k-ω SST 模型的结果与实验数据较为一致,DES 模型的结果显示在肋下游区域仍然存在一定的过度预测现象。

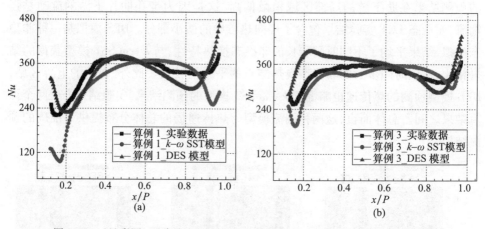

图 3.40 (见彩图)两肋片之间实验和计算顺流 Nu 分布的比较($Re=80000$)

图 3.41 为 k-ω SST 模型在 $Re=80000$ 的所有情况下(x-y)截面($z=0$ 和 $z/e=0.5$ 截面)上的压力系数分布。由图可见,相邻两排肋片之间的压力系数在前排向后排逐渐增大,这一区域内的负压区域引发了再循环流动。在流动再附着区压力略微增加,当靠近下一排肋片时,由于气流冲击,压力迅速增加。通过穿孔,肋片后面的低压区略微减小,高压区扩展到前肋。比较算例 2 和算例 3 可以发现,穿孔的形状对压

力场影响不大。然而,当穿孔率增加时(算例4),带孔肋片后面的低压区明显减小,并且更加均匀。在 $z=0$ 和 $z/e=0.5$ 的位置上,$(x-y)$ 截面上的压力分布没有显著差异。在 $z/e=0.5$ 的 $(x-y)$ 截面上,两个带孔肋片之间的压力分布是连续的。

图 3.42 为 $(x-y)$ 截面($z/e=0.5$)上湍流动能和流线分布情况,类似于热传递分布,湍流动能分布根据不同的流动结构而变化。在流动再循环区湍流动能相对较小,在流动再附着区湍流动能相对较高,当靠近下一排肋片时湍流动能减小,这与换热分布一致。带孔肋片干扰了低湍流动能区和高湍流动能区,在穿孔情况下,低湍流动能区域增加,高湍流动能区域减少。显然,穿孔减少了再循环流动并干扰了流动再附着。当穿孔率增加时(算例4),高湍流动能区域显著减少。这一现象在流线分布中也可观察到。在算例1的流线分布中,明显存在流动再循环和流动再附着。图 3.42 中还标注了再附着线,它表示流动再循环和流动再附着区域的分界。然而,在穿孔情况下,再附着线不明显,并且流动回流区域显著减小。随着开孔率的增加,流场变得更加均匀。

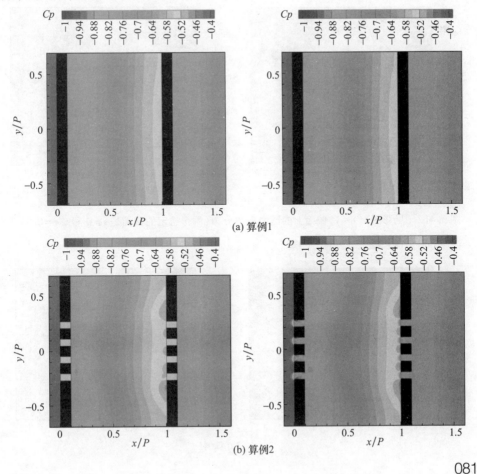

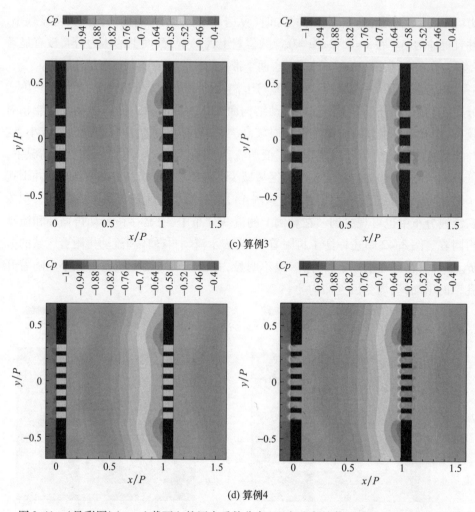

(c) 算例3

(d) 算例4

图 3.41 （见彩图）(x-y) 截面上的压力系数分布（两个选定的截面是 $z=0$ 和 $z/e=0.5$）

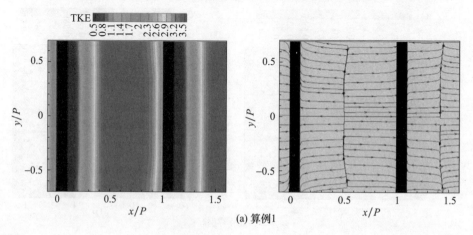

(a) 算例1

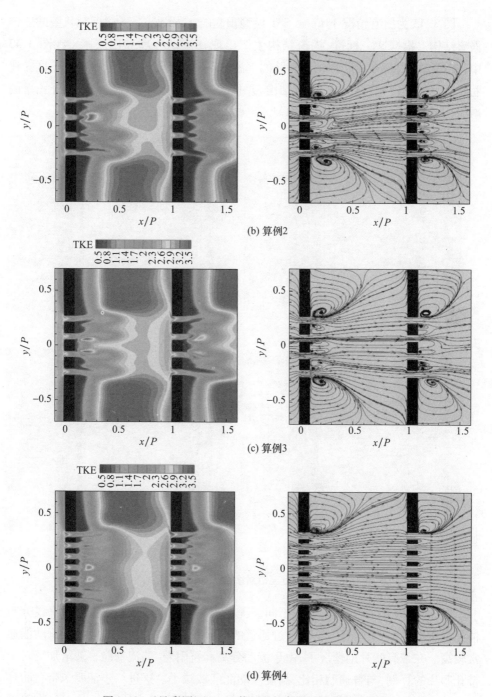

图3.42 （见彩图）$(x-y)$ 截面上的紊流动能分布和流线
（该截面位于 $z/e=0.5$ 处,单位:m^2/s^2）

图 3.43 为所有情况下 $k-\omega$ SST 模型预测的 λ_2 标准[160]下接近肋状壁的三维涡流结构。根据这一标准,涡流结构主要出现在流动分离和回流区。在图 3.43 中,漩涡结构出现在翼肋周围和翼肋的下游,带孔肋片减小了大范围的回流区。在肋后面只能发现相对较小的涡流结构,并且涡流的强度大大减弱。随着开孔率的增加,涡结构的分布和分离更加均匀。

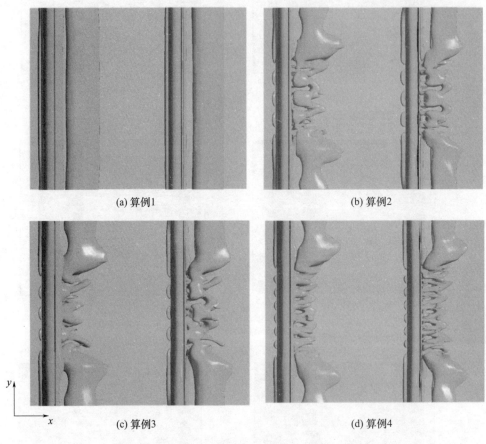

(a) 算例1　　(b) 算例2

(c) 算例3　　(d) 算例4

图 3.43　肋壁附近三维涡结构示意图(采用 λ_2 标准)

图 3.44 为 $k-\omega$ SST 模型在不同情况下 $x-z$ 截面上的湍流动能和流线分布情况。所选的 $x-z$ 截面($y=0$)通过通道的中心线,在靠近壁面的区域湍流动能通常较高。在带有肋片的情况下,由于流动分离和再附着,湍流动能显著增加。对于带孔肋片的算例,与普通肋相比,高湍流动能区域减小。这进一步证明了带孔肋片对再循环流的大幅减少作用,穿孔的形状对流动结构有微小的影响。并且,在算例 4 中,随着穿孔率的增加,再循环区域进一步减少。

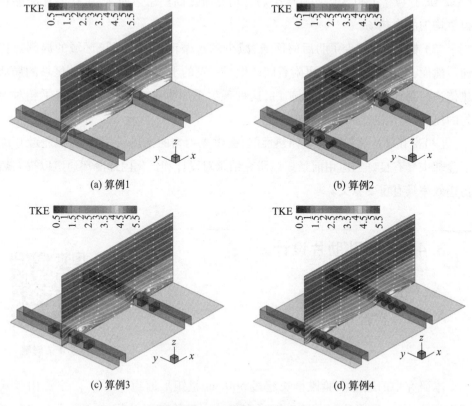

图 3.44 （见彩图）($x-z$）截面上的紊流动能分布和流线
（该截面位于通道的中心线上。单位：m^2/s^2）

3.3.4 小结

本研究旨在探究内部冷却通道中的湍流换热，并研究带孔肋片的高换热性能。研究采用了矩形通道（4∶1）的设计，将带孔肋片放置在底壁上。在雷诺数为 40000 和 80000 的情况下，对肋壁的换热和流体流动进行了实验和数值研究。稳态液晶热成像用于测量表面温度并计算换热系数，对所有算例下的整体热性能进行了比较。$k-\omega$ SST 模型和 DES 模型提供了流动细节，旨在为实验结果提供物理解释。

（1）相对于普通肋片（算例1），带孔肋片通过具有略微降低压降的方式显著改善了肋后的低换热情况。当穿孔率较大时（算例4），这种改善效果更加明显。局部换热场提升了 10% ~ 24%，整体换热提升了 4% ~ 8%。整体热性能系数

$(Nu/Nu_0)/(f/f_0)$ 和 $(Nu/Nu_0)/(f/f_0)^{1/3}$ 均有所提高。总体而言,带孔肋片能够获得更均匀的换热场。

(2) 带孔肋片减少了肋后的回流,减少的再循环流增强了该区域的局部热传递。然而,带孔肋片对气流再附着区产生了一定的干扰,略微降低了该区域的局部热传递。当穿孔率较大时(算例4),这种现象更加明显。带孔肋片获得了相对均匀的压力、湍流动能和流线分布。

(3) 带孔肋片能够提高整体热性能,提供更均匀的换热场,因此在涡轮叶片内部冷却中具有良好的应用前景。该研究结果对设计和优化内部冷却通道以提高热传递效率具有重要意义。

3.4 倾斜孔肋片设计

3.4.1 实验方法

3.4节彩图

本研究中的通道实验段全长超过500cm,呈矩形通道(4∶1)。主流由吸式离心风机驱动,采用喇叭形进口以稳定气流。实验装置及相关测量仪器的配置如图3.45所示。采用LCT方法测量被测表面的对流换热系数。通道采用热导率为0.2W/(m·K)的有机玻璃制成,通道壁面的传导热损失非常小。在通道底壁上方粘贴了一条加热箔条,并连接到电力系统,以提供均匀的热流,通过调节供电电压可以改变热流的大小。加热器的外形如图3.45所示,两条加热条的间隙为0.33mm。在加热器上粘贴了一片R35C5W液晶片,液晶片的颜色可以反映相应位置的温度。在测试段的背面覆盖了热导率为0.03W/(m·K)的保温材料,以进一步减少导热损失。采用CCD相机采集了在一定热流密度下的高分辨率液晶热成像图像,图像分辨率为1600×1200像素。为防止周围环境的干扰,被测部分覆盖一块黑色布。通过对实验进行标定,获得了液晶板的温度与色相值之间的相关关系。本实验中所使用的LC校准曲线可参见文献[156],通过以上实验装置和测量方法可以获得准确的表面温度数据,并进一步计算出被测断面的对流换热系数,为研究内部冷却通道中的湍流换热提供了可靠的实验基础。

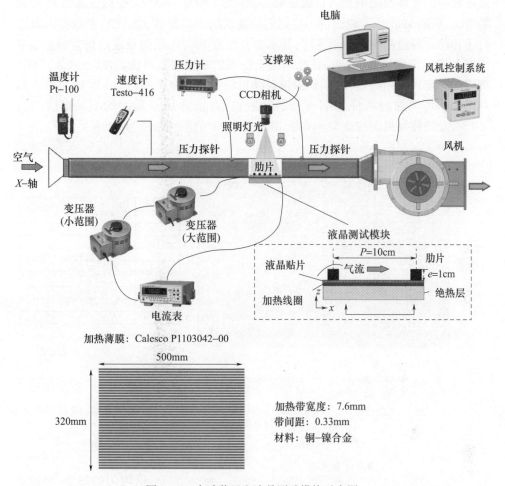

图 3.45 实验装置和液晶测试模块示意图

实验中采用了如图 3.46 所示的测试截面和倾斜孔肋片,测试截面上布置了 5 排肋片,其横截面尺寸为 $1cm \times 1cm$。倾斜孔肋片放置在第 3 排和第 4 排的中心位置,两个倾斜孔间距为 $1.6cm$。倾斜孔肋片的横截面形状可以是圆形或方形,孔的长度或者相邻直径为 $0.6cm$。倾斜孔率 θ 定义为中空区域的面积与固体区域的面积之比。圆孔的倾斜孔率为 0.176,方孔的倾斜孔率为 0.282。将相对于主气流方向的倾斜孔倾斜角 α 分别改为 $0°$、$15°$、$30°$ 和 $45°$。摄像头主要聚焦在第 3 排和第 4 排之间的倾斜孔肋片区域。设计了 4 种类型的带孔肋片,总共进行了 9 个实验方案,并在图 3.46 中进行了列举。算例 1a~1d 代表圆孔肋片,算例 2a~2d 代表方孔肋片。

通道内空气温度变化很小,小于 1K,在数据还原部分以入口温度作为参考温度。相应的流体性质根据入口温度确定，Re 为 20000～80000，根据通道的 D_h 得到的 Nu。利用 Moffat[125] 提出的方法对实验数据的不确定性，如 HTC 和摩擦因数进行了评估。通过测压计测量压降，其不确定性为 3%，用风速计或皮托管测量进口速度的不确定度约为 ±2%，在此基础上得到的摩擦因数不确定度为 ±6%。LCT 测得的温度误差约为 ±0.2K，该温度计测得的空气温度误差约为 ±0.1K。考虑到热箔的非均匀加热条件和电流表的读数误差，估计热流强度的不确定度约为 ±4%，总热传导损失约在 2% 以内，据此估计 Nu 的不确定度为 ±6%。

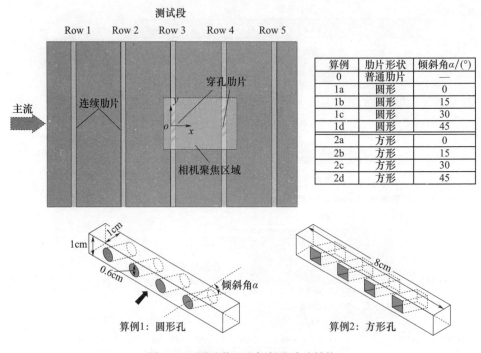

图 3.46 测试截面和倾斜孔肋片结构

主气流的温升影响结果的准确性，对于每一幅 LC 图像，只能捕捉到一定范围内的色调值，也就是一定的温度范围。在实验中捕捉到了绿色，通过增加工作电压，特定的温度范围扩展到整个云图。每个换热系数的云图是由 15 幅以上的 LC 图像组合得到的。在电压变化期间，两幅 LC 图像之间的时间间隔应该足够长，以稳定颜色变化。

考虑到测试系统的辐射损失，实验中最大 $\Delta T_f < 0.9$K。因此平均温差为 0.3～0.9K，每幅图像的流体温度差在 ±5% 以内。对所有图像进行平均和梳理后，流体温度变化误差应小于 ±5%，由式(2.7)可得 Nu 的原始不确定度 ±6%。计算换热系数需要考虑流体温度变化时，不确定度约为 ±8%。

3.4.2 计算方法

3.4.2.1 计算域和网格

与实验结果相比,计算区域缩短了进出口延伸通道,图 3.45 标注了上游和下游扩展通道及其相应尺寸。中间通道的底壁被作为加热面,其尺寸与所使用的加热器相同。使用 ANSYS ICEM 17.0 进行结构网格的阻塞和生成。对于 $k-\omega$ SST 模型和 DES 模型,壁面边界的 y^+ 值要求为 $y^+=1.0$。下一节将进行实验结果与数值结果的比较。整个通道的总网格数约为 7.0×10^6,但在不同的算例中可能会有所变化。图 3.47 为一些典型区域的网格示意图,对其进行了网格独立性研究,其结果如表 3.10 所列,本研究以算例 0 为研究对象,在 $Re=80000$ 处采用 $k-\omega$ SST 模型。测试了 4 种不同的网格系统,分别为 4.04×10^6、5.66×10^6、7.65×10^6 和 8.57×10^6。通过与平均压降和平均 Nu 的对比,表 3.10 显示出所有 4 种网格对区域平均压降的预测效果都非常好。对于面积平均 Nu 的预测,3 种网格系统(5.66×10^6、7.65×10^6 和 8.57×10^6)之间的差异非常小,均小于 0.1%。综合考虑精度和计算量,选择了 7.65×10^6 的网格作为最终的网格系统。

表 3.10 算例 0 的网格独立性研究结果

网格总数	$\Delta P/\text{Pa}$	Nu_{avg}(受热壁面)
4044800	36.45	260.50
5664531	36.47	262.33
7658244	36.42	262.34
8576268	36.45	262.37

3.4.2.2 湍流模型描述

为了全面描述流场,本研究采用了两种湍流模型,即稳态 $k-\omega$ SST 模型和非稳态 DES 模型。稳态 $k-\omega$ SST 模型是一种常用的湍流模型,能够在边界层和自由层中提供准确的湍流预测。该模型结合了 $k-\varepsilon$ 模型和 $k-\omega$ 模型的优点,并通过引入修正函数来改进边界层和自由层的湍流模拟结果[158,161]。这种混合湍流模型广泛用于流场分析和工程设计中,能够有效地捕捉湍流现象的特征,非稳态 DES 模型专门用于处理壁面有界流动。该模型结合了雷诺平均纳维-斯托克斯方程和大涡模拟两种模拟方法的优点,既考虑了湍流的时间相关性,又能够捕捉边界层和壁面的湍流结构变化。

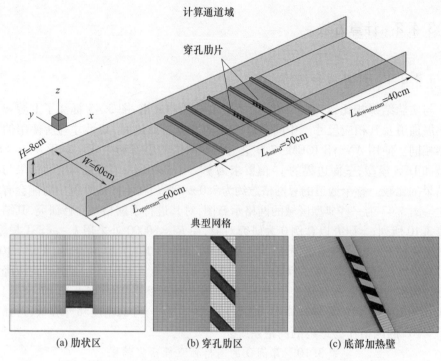

图 3.47 计算通道和结构化网络(倾斜孔区域附近)

3.4.2.3 边界条件及求解器设置

计算区域的中间底部被施加恒定热流进行加热,以模拟实验条件。另一侧壁选择绝热条件,表示该壁面不发生热传导,保持绝热状态。入口条件设置为速度,即规定了进入计算区域的流体的速度大小和方向。所有壁面采用无滑移速度边界条件,即流体在壁面处无滑移运动。实验中进口湍流强度设置为 3%,采用热线风速仪方法进行测量。在非稳态计算中,为了引入流动的波动,采用了涡流法在进口处生成湍流漩涡结构,这样可以更真实地模拟实际流动中的湍流特性和波动。在计算过程中,假设空气是不可压缩的,即密度保持恒定,同时假设空气是干燥的,其特性随温度的变化非常小。

在稳态计算中,使用 ANSYS FLUENT 17.0 中提供的 $k-\omega$ SST 模型,选择 SIMPLEC 算法处理压力 - 速度耦合。对相关的控制方程选择二阶迎风差分格式,能量方程收敛准则设定为 10^{-8},其他控制方程收敛准则设定为 10^{-4}。在 DES 模型下的非稳态计算中,采用耦合方法进行压力 - 速度耦合。与上述类似,选择二阶差分公式进行空间离散化,动量方程采用有界中心差分公式进行离散化。时间步长间隔设置为 0.0003s,记录 6 个通道流过的时间周期以对结果进行平均,收敛准则设定为 10^{-4}。

3.4.3 结果分析

3.4.3.1 LCT 实验

图 3.48 给出了 $Re = 80000$ 时所有加热表面的平均 Nu,选择并标记了 4 个不同的区域。

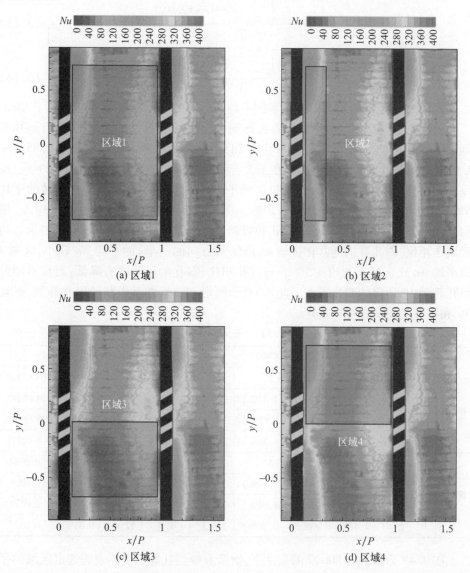

图 3.48 (见彩图)各算例倾斜孔表面所选区域的平均 Nu(LCT 实验 $Re = 80000$ 条件下)

4 个地区的平均 Nu 分别表示如下：

$$Nu_{avg} = \frac{\int_{-0.7(y/P)}^{+0.7(y/P)} \int_{0.12(x/P)}^{0.97(x/P)} Nu(x,y) \mathrm{d}x\mathrm{d}y}{A_1} \text{（区域 1）} \quad (3.11)$$

$$Nu_{avg} = \frac{\int_{-0.7(y/P)}^{+0.7(y/P)} \int_{0.12(x/P)}^{0.32(x/P)} Nu(x,y) \mathrm{d}x\mathrm{d}y}{A_2} \text{（区域 2）} \quad (3.12)$$

$$Nu_{avg} = \frac{\int_{-0.7(y/P)}^{0(y/P)} \int_{0.12(x/P)}^{0.97(x/P)} Nu(x,y) \mathrm{d}x\mathrm{d}y}{A_3} \text{（区域 3）} \quad (3.13)$$

$$Nu_{avg} = \frac{\int_{0(y/P)}^{+0.7(y/P)} \int_{0.12(x/P)}^{0.97(x/P)} Nu(x,y) \mathrm{d}x\mathrm{d}y}{A_4} \text{（区域 4）} \quad (3.14)$$

式(3.14)为沿倾斜方向的一半的平均 Nu。

从表 3.11 中可以观察到，与直孔算例(算例 1a 和算例 2a)相比，所有斜孔算例(算例 1b～算例 1d 和算例 2b～算例 2d)的总体平均 Nu 略高，提高了 1.85%～4.94%。倾斜孔肋片的主要优势在于改善肋片下游的低换热区域(区域 2)[19]，采用斜孔结构，在某些算例中，低换热区的平均 Nu 得到了提高，低换热区域的平均 Nu 通常比整体平均 Nu 高 15%～20%。在斜孔算例中，斜向半部分的平均 Nu 增加。随着倾角的增加，例如算例 1d 和算例 2d，该区域的平均 Nu 进一步增加。与区域 3 相比，斜孔算例通常在区域 4(沿倾斜方向的一半)的平均 Nu 较小，区域 3 的平均 Nu 比区域 4 大约高 5%。与直孔相比，斜孔的压降略有降低，而在不同的斜孔算例中，压降的变化不大。此外，对于圆形和方形两种形状的斜孔算例，平均 Nu 和压降之间没有明显差异。

表 3.11　平均 Nu 比较

算例		Nu_{avg}（区域 1）	Nu_{avg}（区域 2）	Nu_{avg}（区域 3）	Nu_{avg}（区域 4）	f
算例 1	a	322.6	286.2	321.4	323.8	0.02406
	b	332.3(+3.00%)	290.3(+1.43%)	340.1(+5.81%)	324.4(+0.18%)	0.02287
	c	328.6(+1.85%)	286.0(-0.07%)	334.5(+4.07%)	322.6(-0.37%)	0.02240
	d	337.7(+4.68%)	281.9(-1.50%)	347.9(+8.24%)	327.4(+1.11%)	0.02271
算例 2	a	319.6	285.8	315.6	325.5	0.0244
	b	332.2(+3.94%)	293.8(+2.79%)	337.4(+6.90%)	326.9(+0.43%)	0.0228
	c	331.1(+3.59%)	290.5(+1.64%)	340.9(+8.01%)	325.4(-0.03%)	0.0227
	d	335.4(+4.94%)	285.5(-0.10%)	345.3(+9.41%)	325.6(+0.03%)	0.0227

图 3.49 为在 $Re=80000$ 的条件下，对所有倾斜孔算例受热表面选定区域的平均 Nu 进行了比较，图中的横条高度表示 Nu 的大小。通过图 3.49，可以发现，不同

区域的平均 Nu 相对数值是不同的。随着从直孔算例到斜孔算例,总体平均 Nu 呈增加趋势。区域 2 始终具有最小的平均 Nu,而区域 3 则具有最大的平均 Nu。

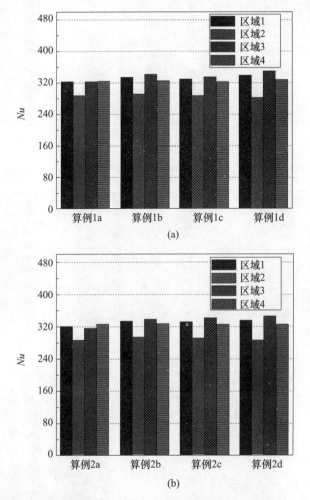

图 3.49 (见彩图)各算例中倾斜孔表面所选区域的平均 Nu 比较(LCT 实验,Re = 80000)

图 3.50 给出了 Re = 80000 时所有加热表面(不同倾角的圆孔和方孔)的 Nu,算例 1a 是有直孔的情况。与传统肋片相似,流动再附着区域的两排肋片之间存在一个高 Nu 区。当该区域接近下一个肋片时,换热增加。通过倾斜孔的小孔,由于流动再循环,高换热区延伸到肋片下游的低换热区。而在流动再附着区的最高换热区域,倾斜孔算例的换热区域略有减小。当孔倾斜时,沿倾斜方向的换热分布会发生畸变,分布似乎向倾斜方向移动。对比沿展向的换热分布,逆倾斜方向区域(区域 3)的换热比沿倾斜方向区域(区域 4)的换热大。随着倾角的增大,区域 4 的高换热区域扩大,对比不同孔形的算例,圆形孔和方形孔的 Nu 分布没有明显差异。

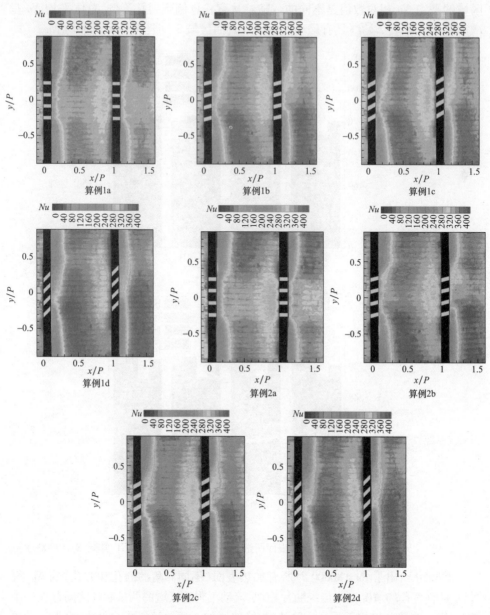

图 3.50 （见彩图）圆孔和方孔肋片加热表面在不同倾角下的 Nu 云图
（LCT 实验，$Re = 80000$）

图 3.51 给出了不同雷诺数下，倾角 $\alpha = 15°$ 的圆形倾斜孔肋片受热表面的 Nu 曲线。随着雷诺数的增加，Nu 明显增大，逆倾斜方向区域的 Nu 通常较大，这与文献[2,162 - 164]中斜肋片的作用类似。在不同雷诺数下，肋片下游低换热区域的

倾斜孔肋片也有明显的改善，Nu 分布趋势与 Re 几乎无关。

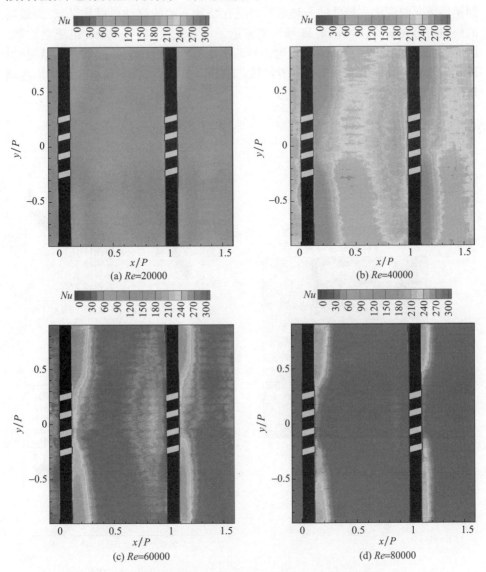

图 3.51 （见彩图）圆孔肋片加热表面的 Nu 云图（倾角 $\alpha = 15°$）

图 3.52 给出了 $Re = 80000$ 时不同倾角的圆孔（算例 1a – 1d）在加热表面上的流向和展向 Nu 分布。这个图显示了沿两个方向的平均 Nu 变化，平均 Nu 的流向分布定义为

$$\overline{Nu} = \frac{\int_{-0.7(y/P)}^{+0.7(y/P)} Nu(x,y)\,\mathrm{d}y}{L_y} \quad (3.15)$$

实验中,展向方向上选择的范围是 $-0.7(y/P) \sim +0.7(y/P)$ 之间,可以观察到换热情况的变化。最低的换热通常出现在肋片下游的流动再循环区域,而最高的换热则出现在流动再附着区域。当靠近下一排肋片时,平均 Nu 也随之增加。因此,在流向上的 Nu 分布中可以观察到两个峰值。通过比较不同倾角的情况,可以发现差异主要集中在流动再附着区域。相较于直孔结构,斜孔结构会增加流动再附着区域的 Nu 值。

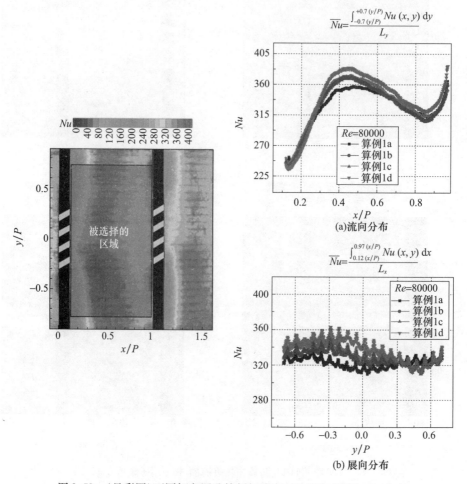

图 3.52 (见彩图)不同倾角圆孔算例加热表面的流向和展向 Nu 分布
(LCT 实验 $Re = 80000$ 条件下)

平均 Nu 的展向分布可以表示为

$$\overline{Nu} = \frac{\int_{0.12(x/P)}^{0.97(x/P)} Nu(x,y) \mathrm{d}x}{L_x} \tag{3.16}$$

在流向上选择的范围为 $0.12(x/P) \sim 0.97(x/P)$ 之间。在斜孔算例中,从左侧(具有较高的 y/P 值)到右侧(具有较低的 y/P 值),Nu 逐渐减小,这与图 3.48 的结论相一致。随着倾角的增加,Nu 最大的区域向右移动,同时,在斜孔算例中,Nu 最小的区域位于右侧。

图 3.53 展示了算例 1c 在不同雷诺数下加热表面流向和展向 Nu 的平均分布,图中考虑了 4 种不同的雷诺数,范围在 20000~80000 之间。对于不同的雷诺数,Nu 的平均流向分布和展向分布趋势是相似的,意味着 Nu 的分布与雷诺数无关。

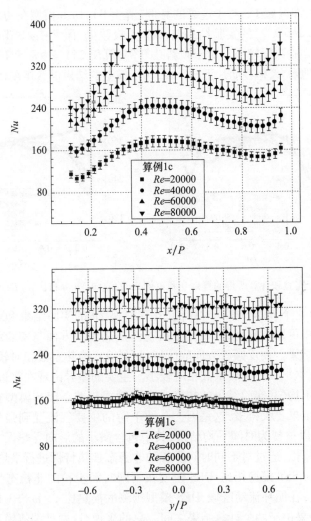

图 3.53 算例 1c 不同雷诺数下加热表面流向和展向 Nu 分布

3.4.3.2 数值计算

为了验证湍流模型的正确性,将实验结果与计算结果进行了比较。首先,在图 3.54 中,比较了在 $Re=80000$ 条件下,算例 0 和算例 2a 的流向平均 Nu 分布的实验结果和计算结果。算例 0 代表正常肋片结构,算例 2a 代表直孔倾斜孔肋片结构,分别采用了两种具有代表性的湍流模型进行分析,一个是稳态 RANS 模型,即 $k-\omega$ SST 模型,另一个是非稳态模型(DES 模型)。图中给出了算例 0 和算例 2a 的换热结果以便比较,每个 x 方向上的数据点都是在所选区域内 y 方向上的一组数据的平均值,即区域 1。对于连续的算例(算例 0),DES 模型在肋片下游($x/P<0.2$)和上游($x/P>0.9$)的实验结果略高于实验数据,而 $k-\omega$ SST 模型的结果相对这些区域的实验数据较小。对于倾斜孔算例(算例 2a),$k-\omega$ SST 模型的结果与实验结果较好地吻合,但在肋片下游区域,DES 模型的结果仍然存在高估的情况。

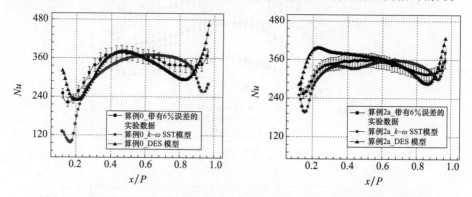

图 3.54 实验和计算所得的算例 0 和算例 2a 的流向 Nu 分布比较($Re=80000$)

图 3.55 对比了 $Re=80000$ 时算例 2b 和算例 2d 的实验结果和计算结果的换热云图。从图中可以观察到,两种模型在整体换热预测方面与实验结果相比都提供了可接受的结果。在反倾斜方向的区域(区域 3),换热系数相对较高,而沿着倾斜方向的部分(区域 4),换热系数相对较小。主要的差异出现在靠近肋片的区域,由于热流密度不均匀,实验结果的精度受到限制或较差。DES 模型在肋片下游局部区域的预测结果要大得多,这是因为孔肋下游的主要气流受到强烈的扰动。稳态 LCT 结果可以被视为时间平均结果,其中包含微小的展向导热误差。DES 模拟是一种非稳态模拟,通过对不同时间步长的非稳态换热特性进行平均,得到时间平均结果,与 $k-\omega$ SST 模型相比,DES 模型在不同时间步长的非稳态换热结果的平均值要大得多。在循环流动区域,DES 模型预测的换热比 $k-\omega$ SST 模型预测的换热更大,实验结果位于两个计算结果之间。总的来说,这两种湍流模型揭示了倾斜孔的影响,它们提供了对换热特性的预测,但在靠近肋片的区域存在一些差异,这可能是由于热流密度的不均匀性导致的。

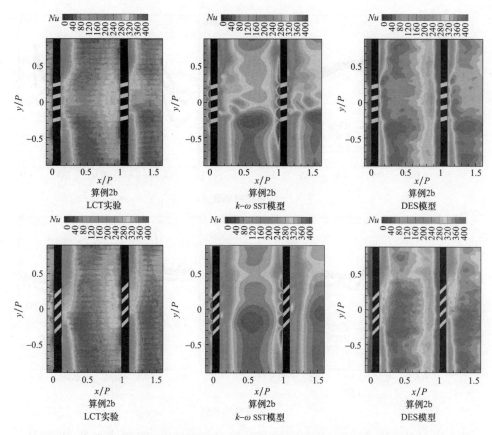

图 3.55 （见彩图）实验和计算所得的算例 2b、算例 2d 的 Nu 云图对比（$Re = 80000$）

图 3.56 展示了在 $Re = 80000$ 时，算例 2b 和算例 2d 沿流向和展向的实验 Nu 分布与计算 Nu 分布的比较，对于流向 Nu 的比较，观察到与图 3.54 类似的趋势。然而，DES 模型高估了肋片上游和下游区域的结果，这些区域的流动受到孔的强烈扰动的影响。与此相反，在流动再循环区域，$k-\omega$ SST 模型得到的结果仍然小于实验结果，然而，两种湍流模型在流动再附着区得到的结果相对准确。实验数据表明，在展向分布方面，DES 模型给出的结果相对准确。然而，$k-\omega$ SST 模型的计算结果略低于实验数据，特别是在倾斜孔区域。总体而言，$k-\omega$ SST 模型的结果仍然可以接受，与实验结果的平均误差保持在 10% 以内。这些结果表明湍流模型在模拟换热过程中的有限性，但仍能提供合理的预测。DES 模型高估肋片上游和下游区域的结果可能是因为它能够捕捉到流动中的细节和扰动，但也引入了不确定性。相比之下，$k-\omega$ SST 模型结果相对保守，可能不会准确捕捉流动细节，因此，在选择湍流模型时，需要综合考虑准确性和计算效率。

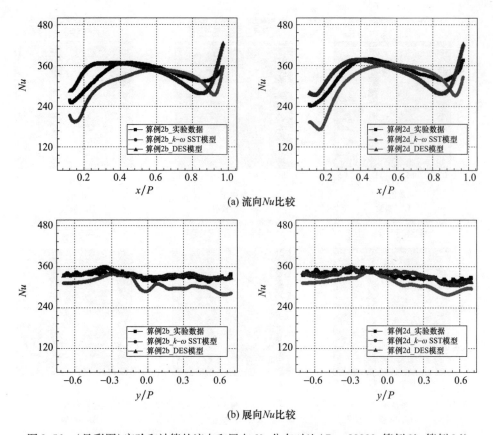

图 3.56 （见彩图）实验和计算的流向和展向 Nu 分布对比（$Re=80000$，算例2b，算例2d）

图 3.57 展示了 k-ω SST 模型在各种情况下接近肋壁的三维漩涡结构的 Q 准则[160,165]。漩涡结构主要出现在流动分离区和回流区，在图中，可以观察到漩涡结构在肋片周围和肋片下游形成。然而，方孔算例中的漩涡结构强度比圆孔算例更大。倾斜孔肋片的存在显著减小了循环区漩涡结构的尺寸，在肋片后方，只能观察到相对较小的漩涡结构，并且漩涡的强度明显减弱。在斜孔算例中，漩涡被推向倾斜方向，回流区沿倾斜方向的外部漩涡结构也减弱，如图 3.57 所示。带有斜孔的倾斜孔肋片不仅会影响倾斜孔区域的流场，还会影响相邻倾斜方向的流场。

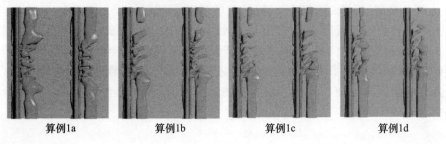

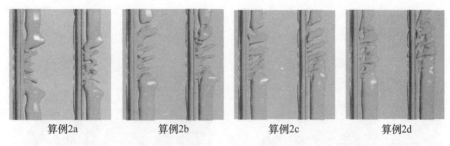

算例2a　　　　　算例2b　　　　　算例2c　　　　　算例2d

图 3.57　倾斜孔肋片附近的漩涡结构（Q 准则，Re = 80000）

图 3.58 展示了 Re = 80000 时所有算例中倾斜孔肋片周围的三维流线分布，流线的颜色表示了速度的大小。在方孔和圆孔的算例中，流线的发展没有明显的差异。然而，在带孔的算例中，流体穿过孔洞并与主气流相互作用和混合。在直孔和小倾角算例中，穿透流在倾斜孔区两侧与主气流混合，当倾角较大时，如算例1c、算例1d、算例2c 和算例2d，渗透流被推向倾斜方向，并在侧面与主气流混合。

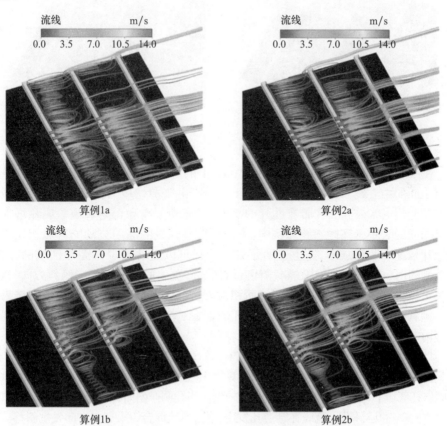

算例1a　　　　　　　　　　　　算例2a

算例1b　　　　　　　　　　　　算例2b

101

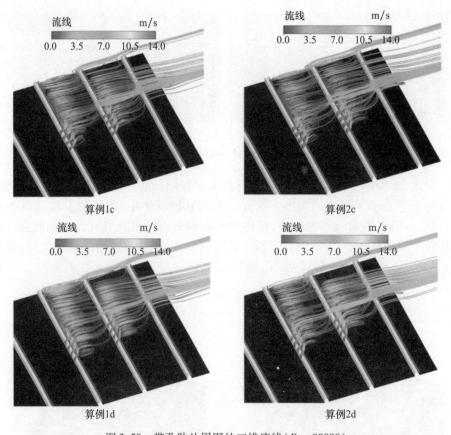

图 3.58 带孔肋片周围的三维流线($Re=80000$)

图 3.59 显示了所有算例在$(x-z)$部分上的流线和湍流动能(TKE)分布,选择通道中间的中心线作为$(x-z)$截面,即$y=0$。由于剪切应力的作用,近壁区域的湍流动能值通常较高。在带有肋片的算例下,流动分离和再附着现象明显增加了湍流动能的大小。在倾斜孔算例中,流动再循环区域的高湍流动能区域相比于常规肋片情况下明显减小,这也证明了带孔肋片可以显著减少再循环区域的存在。当孔倾斜时,$(x-z)$截面中的再循环区域增加。更多的流体被推向倾斜方向,从而增大了$(x-z)$截面上的再循环区域面积,这些流线和湍流动能分布的观察结果揭示了倾斜孔肋片周围流场的复杂性。孔的存在对流动的混合和再循环产生重要影响,并在不同算例中展示了不同的流动特征。

图 3.60 展示了算例 1a~算例 1d 在$(y-z)$截面上的流线和湍流动能(TKE)分布,该截面位于$x/P=0.3$处。在直孔算例(算例 1a)中,流线和湍流动能分布是对称的。在倾斜孔区域的$(y-z)$截面上,湍流动能较低。当孔洞倾斜时,高湍流动能区域被推向倾斜方向。斜孔算例下,流线在穿透孔发生变化,冷热混合流沿展向方向发生斜移。

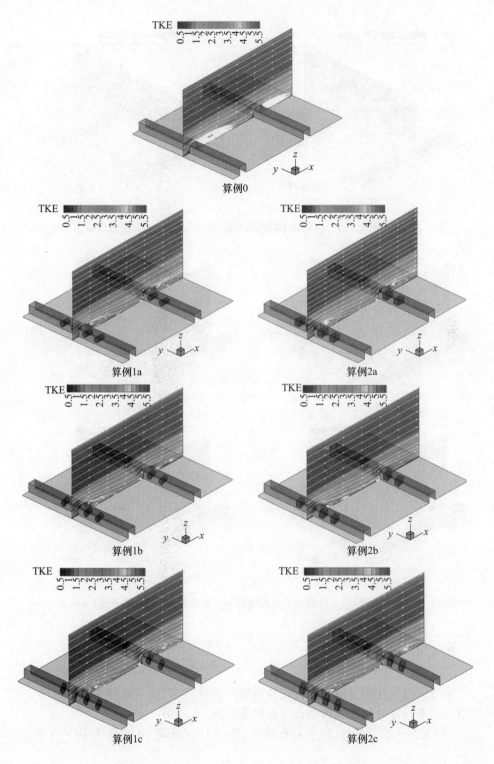

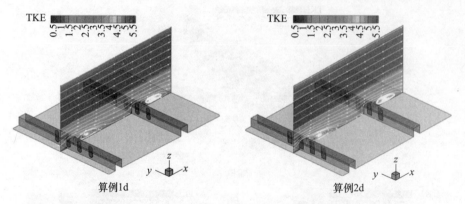

图 3.59 （见彩图）$(x-z)$ 截面上的流线和湍流动能分布（截面穿过通道中心线）

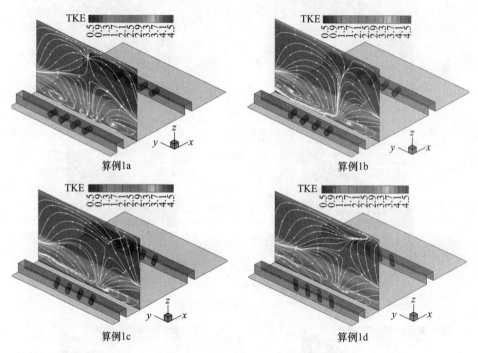

图 3.60 （见彩图）$(y-z)$ 截面上的流线和湍流动能分布（剖面位于 $x/P=0.3$ 处）

3.4.4 小结

本节研究旨在通过结合带孔肋和斜肋的强化效应，并考虑倾斜孔相对于主气流方向的不同穿透角来改善带孔通道的热性能。

（1）与直孔算例相比，所有斜孔算例（算例 1b ~ 算例 1d 和算例 2b ~ 算例 2d）

提供了较大的总体平均 Nu 值,增强率为 1.85%~4.94%。在斜孔算例中,相对于倾斜方向的一侧(区域3),平均 Nu 值增大,这类似于斜肋片的效应。与区域3相比,沿倾斜方向的一侧(区域4)的平均 Nu 值较小。对于圆形和方形斜孔算例,其平均 Nu 值和压降之间没有明显差异。

(2)在倾斜孔算例中,通过减少肋片后方的再循环流动,增强了该区域的局部换热效果,带孔肋片的应用减小了循环区域的尺寸。在直孔和小倾角算例中,穿透流在倾斜孔区两侧与主气流合流。然而,当倾角较大时,例如算例 1c、算例 1d、算例 2c、算例 2d,穿透流被推向倾斜方向,并与刚好沿倾斜方向的侧面来流合流。

这些发现揭示了带孔肋片和斜孔肋片对流动和换热性能的改善效果。通过结合孔洞和倾斜角度,可以实现更高的换热增强效果,并优化倾斜孔区域的流动特性。这对于设计和优化带孔通道的热交换器具有重要意义,有助于提高其热性能和能源效率。未来的研究可以进一步探索不同倾斜孔和倾斜参数下的换热特性,并为实际工程应用提供更深入的指导。

第4章
端壁气膜冷却设计

4.1 端壁前缘气膜孔排布

4.1.1 计算域及参数

4.1 节彩图

计算域如图 4.1 所示,本节研究采用以往研究工作中的涡轮叶片作为模型,图 4.1 左侧显示了该叶片的结构[166]。流体域被建立在叶片的中心线上,并且沿上游和下游延伸形成通道。在叶片前缘处,冷却剂通过长方体气体储箱供应,储箱的尺寸足够大,可以提供相对均匀的冷却剂喷射流至每个冷却孔中。主流雷诺数 Re 定义为

$$Re = \frac{uC}{\nu} \tag{4.1}$$

式中:C 为叶片弦长;u 为主流速度。本节研究设置主流雷诺数为 220000,相应的吹风比(BR)范围为 1~3。

本研究设计了 6 种不同的前缘端壁气膜冷却孔排列方式。具体算例如下所示:算例 1:一排采用 9 个圆柱形孔,位于驻点前 4 倍孔直径的位置($d=4D$),相邻两孔间的间距与孔直径之比为 3($p/D=3$)。算例 2:与算例 1 相同的布置,但将孔放置在远离驻点 8 倍直径的位置($d=8D$)。算例 3:采用两排交错排列的普通气膜冷却孔,保持气膜冷却孔的总数不变,但与驻点的间距为 6 倍孔直径($d=6D$)。算例 4~算例 6:这些算例采用复合角气膜孔的布置方式,将错开排列的优点与复合角孔的优点相结合。然而,在前缘端壁区域上游的特定区域内,复合角孔的取向对其有较大影响。算例 4:采用两排交错排列的复合角气膜冷却孔,靠近叶片一排的横向倾角 β_1 为 45°,第二排的横向倾角 β_2 为 -45°。算例 5:同样采用两排交错排

列,但横向倾角的设置与算例4相反。算例6:布置与算例4相同,但两排之间的间隔相对较小。在所有算例中,顺流方向的喷射角均为30°。这些算例的设计基于对气膜冷却孔布置方式的深入研究和分析,旨在优化叶片的冷却效果和整体性能,设计的算例如下所示。

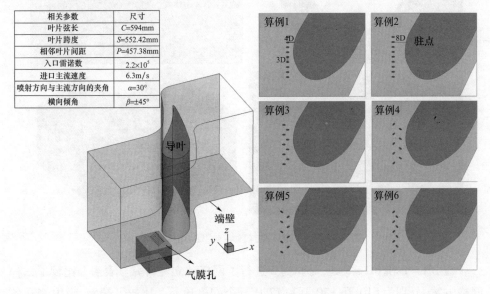

图4.1 计算域及气膜孔的多种排列示意图

算例1:一排,圆柱孔,$d=4D$;

算例2:一排,圆柱孔,$d=8D$;

算例3:两排,圆柱孔,$d_1=6D,d_2=8D$;

算例4:两排,复合角孔,$d_1=4D,d_2=8D,\beta_1=+45°,\beta_2=-45°$;

算例5:两排,复合角孔,$d_1=4D,d_2=8D,\beta_1=-45°,\beta_2=+45°$;

算例6:两排,复合角孔,$d_1=6D,d_2=8D,\beta_1=+45°,\beta_2=-45°$。

4.1.2 计算方法

4.1.2.1 网格细节

为保证计算精度,采用 ANSYS ICEM 17.1 生成的结构网格进行计算。研究中使用的典型网格如图4.2所示,近壁面区域网格密集,满足湍流模型的要求,即壁面 y^+ 约等于1。基于下一节提供的模型验证,使用 $k-\omega$ SST 模型。

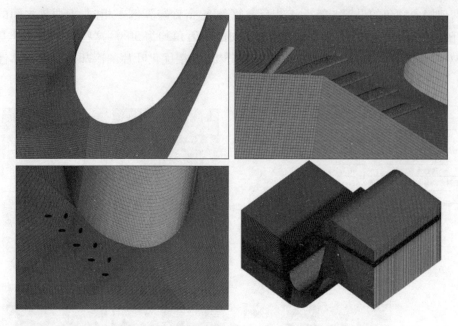

图4.2 （见彩图）前缘区域典型的结构化网格

在 BR=1 和 BR=3 处，对算例 2 进行了网格独立性研究。表 4.1 比较了三种网格方案，分别为 610 万、870 万和 1220 万个网格单元。比较了端壁、吸力侧和各（所有）表面的平均 η 值，η 的定义为

$$\eta = \frac{T_w - T_g}{T_c - T_g} \tag{4.2}$$

表 4.1 网格独立性研究

(a) BR=1

算例 2	$\eta_{endwall} \times 10^3$	$\eta_{suction} \times 10^3$	$\eta_{overall} \times 10^3$
6127054	15.996(−0.51%)	2.499(+4.17%)	7.137(−0.25%)
8706080	16.078	2.447	7.155
12195408	16.130(+0.32%)	2.396(−2.08%)	7.149(−0.08%)

(b) BR=3

算例 2	$\eta_{endwall} \times 10^3$	$\eta_{suction} \times 10^3$	$\eta_{overall} \times 10^3$
6127054	18.623(−0.88%)	20.739(+0.70%)	17.141(−0.09%)
8706080	18.788	20.594	17.157
12195408	18.918(+0.69%)	20.405(−0.91%)	17.160(+0.01%)

不同网格方案预测的平均冷却效率差异很小,在较高吹风比 BR = 3 时,端壁区域的冷却效果较好,不同网格方案之间的差异较小。网格数量为 870 万的网格方案已提供了较为准确的预测。考虑到计算资源和精度,采用 870 万个网格单元的方案。

4.1.2.2 边界条件及求解器

本研究中,入口条件的设置基于前人的实验研究[166],这为后续的结果比较和模型验证提供了方便。在设置中,将主流与冷却剂的温差设定为 20K,并假设空气性质保持不变。根据之前的实验,确定主流速度为 6.3m/s,对应的 Re 为 2.2×10^5。在接近前缘的位置,主流被认为是完全发展的湍流。由于相对较低的主流速度,主流被视为不可压缩的。本研究考虑了湍流强度在 1.3% ~ 15% 范围内的影响。主流的入口温度设定为 320K,在流场设置中,两侧壁面被设定为周期壁面,基于叶片型线的中线构建。冷却剂由一个长方体冷气储箱供应到前缘的气膜冷却孔。冷气储箱的入口设定为质量流量进口,流体的温度设定为 300K。通过调整冷气储箱的入口流量,可以获得不同的 BR。其余的壁面设定为无滑移速度的绝热壁面,出口被设定为压力出口。如果没有指定,本研究中的数据是基于 1.3% 湍流强度的设定,以便与实验工作[166-167]进行比较。在所有考虑的情况下,气膜冷却孔的湍流强度都被设定为 5%。

压力-速度场的耦合使用 SIMPLEC 方法进行。采用二阶迎风格式对压力、动量、湍流动能(TKE)、比耗散率和能量方程进行离散化。连续性方程和其他流场方程的绝对收敛判据设定为 10^{-5},能量方程的判据设定为 10^{-9},并以 10^{-5} 为判据监测端壁的平均温度,以判断计算的收敛性。

4.1.2.3 湍流模型

$k - \omega$ SST 模型应用于叶轮机械时,与其他 RANS 模型相比,在处理边界层区域方面具有较高的精度。图 4.3 和图 4.4 提供了一个全面的湍流模型验证,对 4 种不同的湍流模型进行计算和比较,包括 $k - \omega$ SST 模型、$k - \varepsilon$ 模型、Transition SST 模型和 $k - \varepsilon$ Realizable 模型,实验数据来自于 Kang 等[167]。从图 4.3(a)可以看出,与实验数据相比,所有湍流模型对压力系数的预测结果都很好,但在吸力侧过渡段后存在较大的预测误差,不同的湍流模型的压力系数预测结果是相对准确的。平均斯坦顿数的比较如图 4.3(b)所示,平均斯坦顿数在流向上不断增加,在过渡段也存在较大的误差。其中,不同湍流模型之间的最大误差仍在实验数据的 20%以内。对于其他区域,预测的换热数据与实验数据相当接近,可见 $k - \omega$ SST 模型能很好地预测压力系数和斯坦顿数。

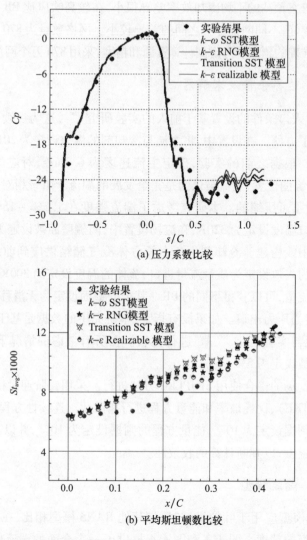

(a) 压力系数比较

(b) 平均斯坦顿数比较

图 4.3 （见彩图）沿流向的平均压力系数和斯坦顿数的比较图

图 4.4 提供了不同湍流模型预测的端壁气膜冷却效率与实验数据的比较。在压力侧,由 LE 的气膜冷却孔产生的冷却保护作用相对较弱。对于不同的湍流模型,气膜冷却效率预测值的分布具有相似的形式,然而,$k-\varepsilon$ Realizable 模型在预测叶片上游的气膜冷却效率时存在较大误差。滞止区的气膜冷却孔难以有效释放冷却气流,而靠近吸力侧的冷却孔容易产生冷却气流的喷出现象。综合考虑压力系数、换热和冷却效率分布等多个因素,本节研究选择了 $k-\omega$ SST 模型作为最佳湍流模型。该模型在预测端壁气膜冷却效率云图方面表现良好,能够较准确地捕

捉到气膜冷却效率的分布情况。

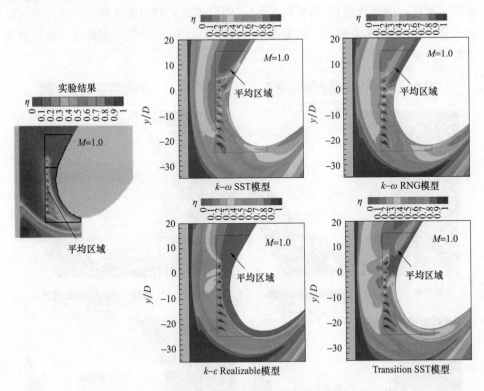

图4.4 （见彩图）端壁气膜冷却效率实验与仿真结果的比较

4.1.3 结果分析

图4.5给出了BR=1时不同算例下端壁气膜冷却效率云图。滞止区碰撞流对前缘(LE)处冷却效率(η)云图的影响较大。对于算例1，当冷却孔被放置在接近驻点的位置时，LE区域被一排冷却孔保护得很好。当冷却孔被放置得稍远时，如算例2，滞止区附近的冷却剂覆盖则不足，喷射出的冷却剂被马蹄涡分离，并随主流流动不断发展。这种布置方式似乎可以使冷却剂沿吸力侧和压力侧大面积喷射，但是并没有明显地改善两个重要的区域，即滞止区和端壁与压力侧的交界区。算例3为两排交错排列的圆柱孔，这种安排对压力侧和吸力侧都有很好的冷却保护，但是冷却覆盖范围不及算例1和算例2。算例4为两排交错排列的复合角冷却孔，复合角孔的每一行的横向倾角都是相反的。这种布置虽然在端壁上的冷却覆盖较大，但对压力侧几乎没有很好的保护作用。在算例6中，气膜冷却孔的布置

类似于算例4,两排冷却孔之间的间隔变小,也未出现明显的改善。算例5也采用两排交错排列的复合角孔,与算例4相比,两行的横向倾角完全相反。通过反向设置复合角度,算例5中的冷却剂覆盖范围显著扩大,叶片的吸力侧和压力侧都得到了很好的保护。

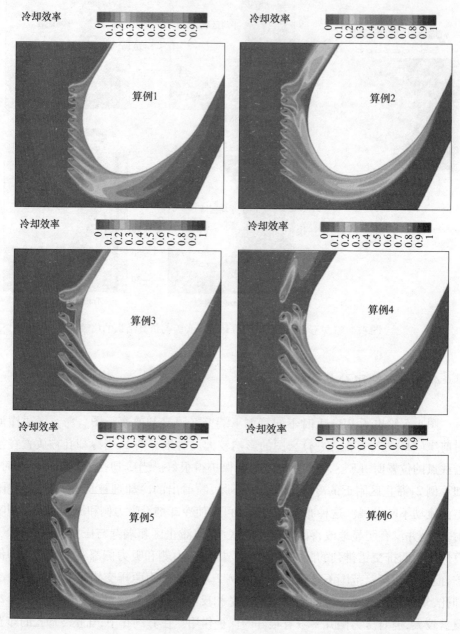

图4.5 (见彩图)不同方案的端壁气膜冷却效率(BR=1)

图 4.6 展示了不同吹风比下各算例端壁气膜冷却效率云图的比较,随着吹风比的增加,冷却剂在前缘处产生强烈的撞击,形成马蹄涡并沿叶片深入发展,这种强碰撞流动改变了喷射出的冷却剂的流动相干流道。由于滞止区的高压作用,有时会导致冷却剂排出困难。随着 BR 的增大,端壁上的冷却剂覆盖面积减小。但在算例 2 和算例 5 中,随着 BR 的增大,叶片 LE 处的冷却剂覆盖面积并没有受到太大的影响。这些结果表明,叶片 LE 处的气膜冷却孔在大 BR 情况下仍然能够有效保护叶片表面。

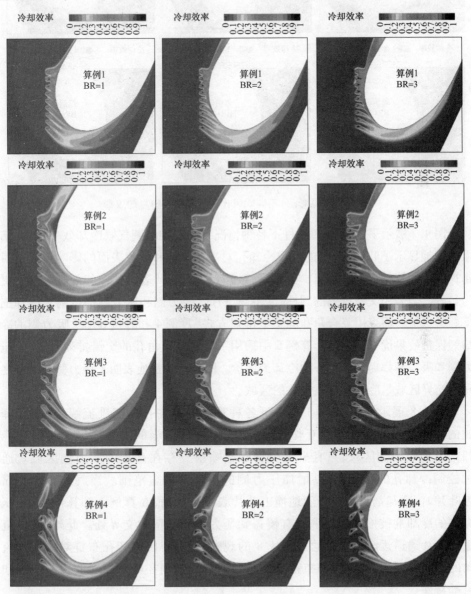

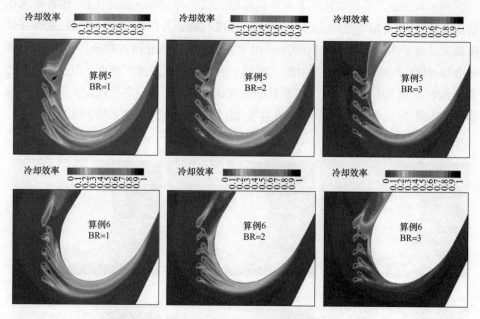

图4.6 （见彩图）不同吹风比下的端壁气膜冷却效率

图4.7展示了在BR=3条件下各种情况下的三维端壁气膜冷却效率云图，结果清楚地显示了叶片LE处的气膜冷却孔对端壁区域和叶片表面的影响。通过对比算例1和算例2可以得出，当冷却孔靠近LE时，叶片表面的冷却剂覆盖效果更为显著。当采用交错排列的圆柱孔（算例3）时，吸力侧和压力侧都得到了冷却剂良好的保护。而采用复合角孔的交错排列方式（算例4和算例6）时，吸力侧的冷却剂保护效果优于压力侧。算例5中采用了反向复合角孔的交错排列方式，为压力侧和吸力侧都提供了良好的冷却剂保护。图中还清楚地表明了压力侧和端壁之间的交界区域是冷却剂难以到达的区域。

图4.8展示了在BR=3条件下各种算例的冷却孔的三维流线，冷却孔释放的冷却剂与叶片表面相互作用，形成来自叶片前缘的高压区域。大部分冷却剂流向吸力侧区域，只有少部分冷却剂喷射到存在高压的压力侧区域。通过控制冷却孔的布置，可以增加压力侧的冷却剂覆盖范围。当气膜冷却孔靠近叶片时，冷却剂与主流强烈地撞击叶片表面。然而，在算例4和算例6中，压力侧的冷却剂被抬升后几乎没有覆盖到压力侧和端壁的交界处。此外，流体流速沿叶片通道逐渐增加。通过图4.8的观察，可以得出冷却孔布置对冷却剂流动的影响，冷却孔的位置和布置方式可以调节冷却剂在叶片表面的覆盖范围和流动特性。

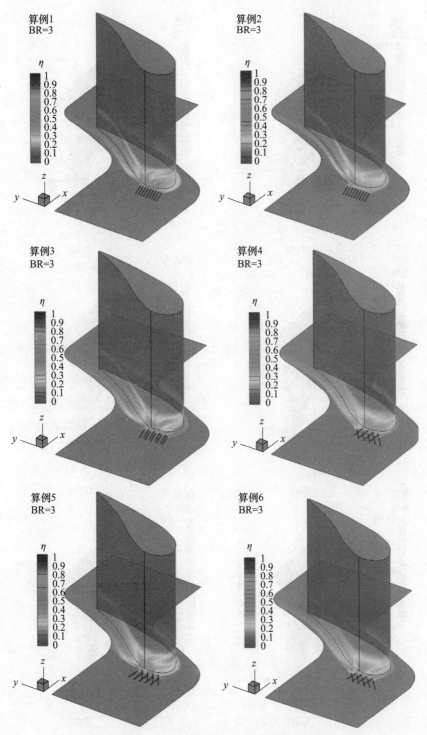

图 4.7 （见彩图）不同算例的气膜冷却效率图（BR = 3）

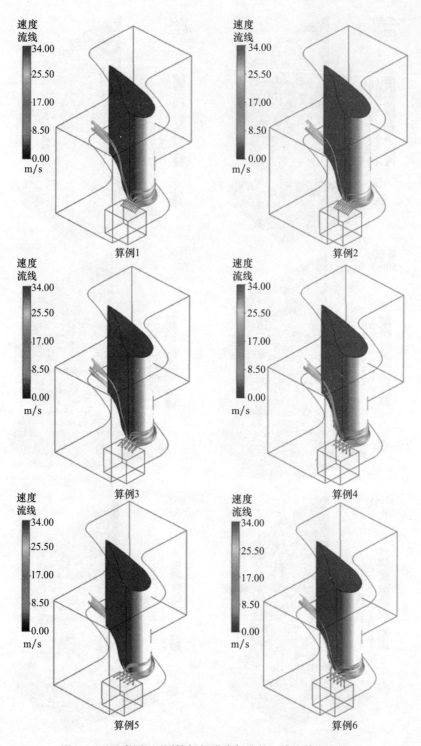

图 4.8 (见彩图)不同算例气膜冷却孔的三维流线(BR=3)

不同 BR、不同区域的平均气膜冷却效率见表 4.2。η 在各区域的平均值分别为 η_1、η_2、η_3 和 η_4，分别表示在整个端壁、压力侧叶片表面、吸力侧叶片表面和所有纳入研究范围的表面上的平均值 η。从表中可以观察到，算例 1 各个区域的平均冷却效率都较为接近。当冷却孔位置远离叶片 LE(算例 2)时，端壁上的平均值 η 值显著提高，而叶片表面的平均值 η 大幅降低。采用交错排列的冷却孔(算例 3)可以改善叶片表面在 BR = 1 时的平均值 η。对于复合角冷却孔的交错布置，算例 4 和算例 6 的压力侧叶片表面几乎没有受到冷却作用。通过扭转冷却孔的复合角度(算例 5)，叶片表面的 η 得到显著改善。在 BR = 1 时，算例 5 的整体平均 η 值最大。随着 BR 增大，叶片表面的 η 和整体平均值 η 都显著增加。当 BR 较小时，端壁的冷却效率占主导地位，而当 BR 较大时，端壁的冷却效率降低。只有在算例 5 中，端壁的 η 在不同 BR 条件下都比较高。

表 4.2 平均气膜冷却效率

算例	BR = 1				BR = 2				BR = 3			
	$\eta_1 \times 10^3$	$\eta_2 \times 10^3$	$\eta_3 \times 10^3$	$\eta_4 \times 10^3$	$\eta_1 \times 10^3$	$\eta_2 \times 10^3$	$\eta_3 \times 10^3$	$\eta_4 \times 10^3$	$\eta_1 \times 10^3$	$\eta_2 \times 10^3$	$\eta_3 \times 10^3$	$\eta_4 \times 10^3$
1	8.821	8.613	8.589	8.683	12.492	14.607	20.045	15.807	13.270	18.865	28.557	20.312
2	16.078	0.817	2.447	7.195	11.335	15.847	13.736	13.362	12.727	18.788	20.594	17.157
3	11.066	6.439	5.361	7.795	12.028	14.190	12.007	12.568	13.370	16.974	21.145	17.144
4	12.526	0.021	4.363	6.354	12.158	7.521	14.783	11.949	15.635	18.145	20.962	18.231
5	15.608	7.093	4.014	9.185	14.959	18.670	14.303	15.658	15.418	21.684	23.123	19.841
6	13.355	0.018	2.487	5.976	11.842	5.935	11.902	10.367	15.235	16.006	19.150	16.871

注：η_1 整个端壁上的平均气膜冷却效率；

η_2 压力侧叶片表面的平均气膜冷却效率；

η_3 吸力侧叶片表面的平均气膜冷却效率；

η_4 整个端壁和叶片表面的平均气膜冷却效率。

图 4.9 为不同区域平均气膜冷却效率的对比。当 BR = 1 时，在算例 2、算例 4 和算例 6 中，压力侧的平均 η 较低。当 BR 较小时，其他算例下的平均气膜冷却效率比前者更好。当 BR 增大时，叶片各区域的气膜冷却效率均提高，叶片表面 η 的改善更为显著。算例 1 和算例 5 在不同 BR 条件下的所有区域都有良好的冷却性能，算例 5 也具有较高的整体平均冷却效率。

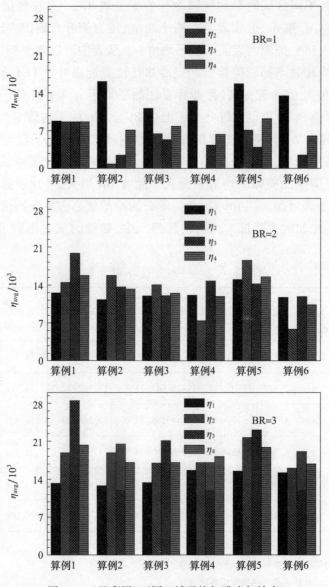

图 4.9 （见彩图）不同区域平均气膜冷却效率

图 4.10 为不同算例下平均气膜冷却效率的比较。算例 2 和算例 5 在 BR 较低时的端壁冷却效率较好，当 BR 较高时，算例 2 的端壁冷却效率降低。除了方案 5 的冷却剂覆盖较佳以外，吸力侧的冷却效率通常很低。在不同 BR 下，算例 1 在压力侧的 η 值最好，算例 1 和算例 5 的整体平均冷却效率最好。总的来说，算例 5 在所有考虑区域都具有较大的冷却效率。

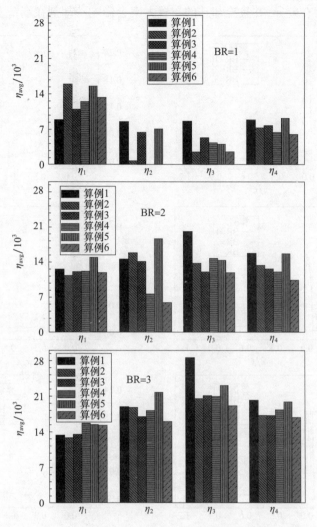

图 4.10 （见彩图）不同算例平均气膜冷却效率

图 4.11 展示了端壁在不同吹风比下沿流向的横向平均冷却效率,通过对一组数据进行横向平均处理,得到每个数据点的平均冷却效率。结果显示,平均冷却效率在流向上呈下降趋势。通常情况下,最高的冷却效率出现在 LE 区域之前的区域,但不同算例的分布趋势略有不同。算例 1 和算例 2 在 LE 区域中具有最高的 η 值。对于算例 1,端壁气膜冷却效率不受 BR 的影响。而对于算例 1、算例 4 和算例 6,通道区域中端壁的 η 值受 BR 的影响,冷却效率随着 BR 的增加而增加。算例 3 和算例 5 在流向上展示出相似的分布趋势。在这些算例中,由于错开排列的冷却孔,冷却剂覆盖范围沿流向扩展得更深,这些结果表明,不同 BR 条件下端壁

的冷却效率存在差异,并且冷却孔的布置方案会影响冷却剂在端壁上的分布。

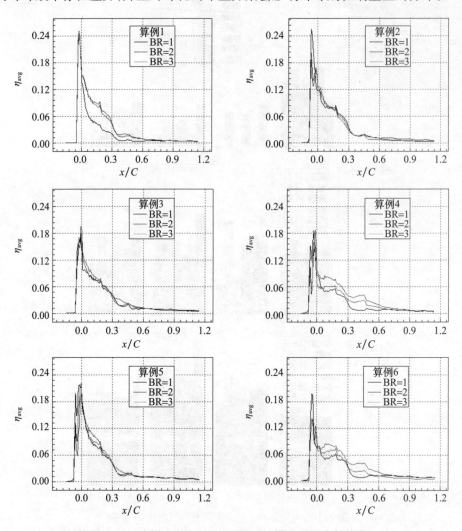

图 4.11 （见彩图）不同吹风比下端壁的横向平均冷却效率比较

图 4.12 展示了不同算例下端壁沿流向的横向平均冷却效率。在 LE 区域,算例 1 和算例 2 展现出最好的冷却效率,然而,当 $x/C > 0.3$ 时,叶片通道内的冷却效率迅速下降。在 x/C 为 $0.3 \sim 0.6$ 的区域,算例 4 和算例 6 在较大 BR 下获得最大值 η。而在 $x/C > 0.6$ 的区域,端壁区域几乎没有冷却效果。总体而言,端壁的 η 沿着流动方向略有增大。算例 4 和算例 6 采用的复合角膜孔交错排列方式未能达到算例 5 所展现出的较高冷却效率,这表明不同算例对端壁冷却效率的影响存在差异,为气膜冷却系统的优化和设计提供了必要的数据参考。

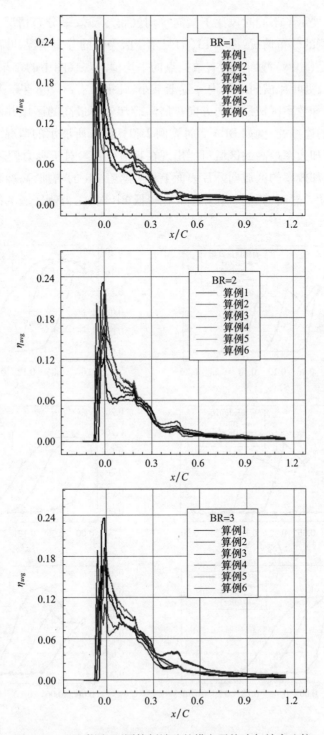

图 4.12 （见彩图）不同算例端壁的横向平均冷却效率比较

图 4.13 展示了不同吹风比下横向平均气膜冷却效率分布情况。图 4.13(a) 显示了压力侧的分布情况,图 4.13(b) 显示了吸力侧的分布情况,叶高方向上的每个数据点都是 $(x-y)$ 截面上所有数据点的平均值。观察图中的结果可以发现,当 $z/S_p>0.2$ 时,沿叶片横向的平均 η 逐渐减小,几乎没有冷却效果。然而,随着 BR 的增加,高冷却效率区域沿横向方向扩展。冷却效率最高的区域并不一定位于压力侧与端壁的连接处,例如 BR=2 时算例 2 和算例 5 所展示的情况。这表明在某些情况下,冷却效率最高的区域可能出现在其他位置。对于吸力侧表面,当 BR 较高时,最高冷却效率的区域向叶片表面上移。随着 BR 的增加,高冷却效率区域沿横向方向移动。然而,算例 4 和算例 6 在较低 BR 时,压力侧区域的冷却覆盖几乎没有。

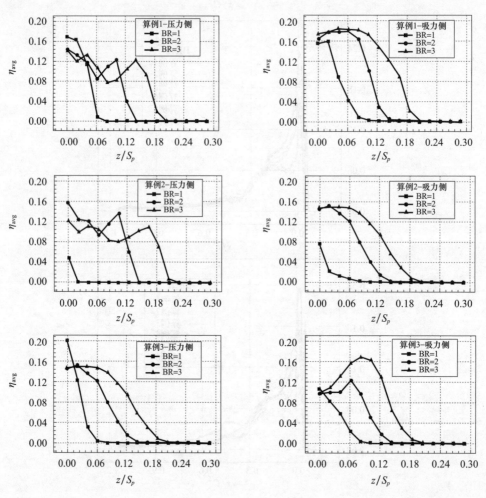

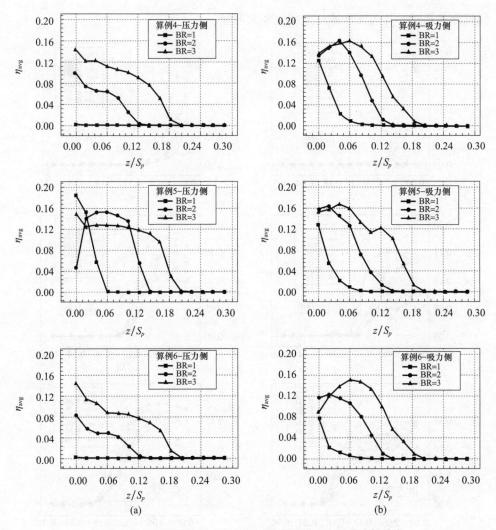

图 4.13 不同吹风比下叶片表面沿横向的平均气膜冷却效率

图 4.14 对不同情况下沿横向的平均气膜冷却效率进行了比较,压力侧和吸力侧的分布分别显示在图的左侧和右侧。对于压力侧区域而言,算例 1、算例 3 和算例 5 在较低 BR 条件下展现出较强的冷却效率。随着 BR 的增加,算例 2 和算例 5 的 η 值显著增加,并达到最大值。当 BR = 1 且 $z/S_p > 0.06$、BR = 2 且 $z/S_p > 0.15$ 和 BR = 3 且 $z/S_p > 0.2$ 时,冷却效率基本上不受影响。然而,在所有考虑的 BR 条件下,算例 5 始终表现出较高的性能。对于吸力侧区域,高效冷却区域沿着叶身方向发展,而不是压力侧所在的交界区。在所有考虑的 BR 条件下,算例 1 在吸力侧区域具有最大的 η 值,冷却覆盖范围沿压力侧表面扩展。一般来说,在 LE 上游的

气膜冷却孔对叶片表面的冷却效率也非常明显。

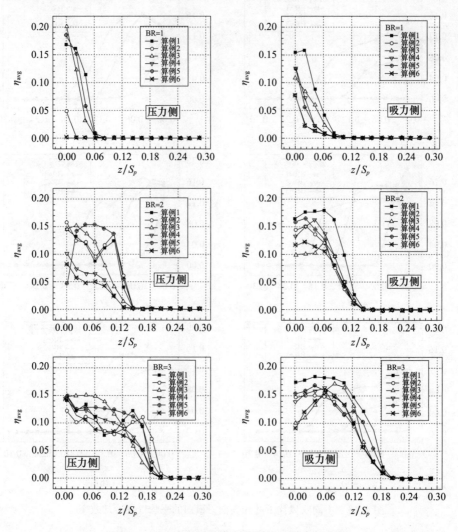

图 4.14 叶片表面沿横向的平均气膜冷却效率

图 4.15 显示了不同进口湍流强度下的端壁气膜冷却效率云图。一般而言,湍流强度对 η 分布的影响并不明显。然而,对于算例 1 和算例 5,随着湍流强度的增加,冷却剂在端壁上的覆盖范围减小,而沿叶片表面的覆盖范围增大。这意味着在较大的湍流强度下,叶片与端壁的连接区域得到了良好的保护,气膜冷却效率的增强主要出现在吸力侧。具体而言,算例 1 和算例 5 在高湍流强度条件下表现出较为显著的特点。在这些情况下,叶片表面上的冷却剂覆盖范围更广,尤其是沿吸力侧。这说明在高湍流强度下,气膜冷却对于保护叶片与端壁的连接区域具有重要作用。

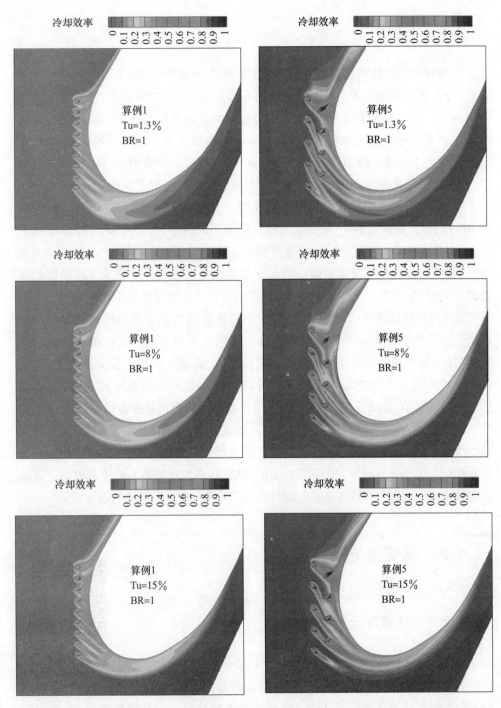

图 4.15 （见彩图）算例 1 和算例 5 在不同进口湍流强度下的端壁气膜冷却效率云图

4.1.4 小结

本节研究的关注重点是具有复杂流动结构的涡轮叶片 LE 上游的气膜冷却孔布置方式,研究中考虑了 6 种不同的气膜冷却孔布置方式,包括错开布置和复合角孔。根据所选方案的不同,气膜冷却孔的总数也有相应的变化,涉及单排或两排、平行或交错排列以及标准圆柱孔或复合角孔等布置方式。为了得到研究结果,本节研究采用了已确立的湍流模型,即 $k-\omega$ SST 模型,进行数值计算。在计算过程中,还考虑了湍流强度和 BR 的影响。根据研究结果得出以下结论:

(1)位于叶片 LE 上游的气膜冷却孔对叶片表面和端壁都发挥着冷却作用。当 BR 较小时,端壁上的 η 占主导地位。随着 BR 的增大,叶片表面的 η 增加更快,并开始占据主导地位。冷却剂从气膜冷却孔中喷射出来,并与产生的马蹄涡相结合,在叶片流道中沿流向方向扩散。整体平均气膜冷却效率随着 BR 的增加而增加。同时,主流中的湍流强度越大,叶片端壁交界区的保护效果也越好。

(2)在各种算例中,算例 1 和算例 5 相对于其他方案表现出较高的总体平均冷却效率。算例 2 和算例 4 在 BR 较低时,虽然也采用了两排交错排列的复合角孔,但压力侧几乎没有冷却剂的覆盖。相比之下,算例 5 采用了反向排列方式,使端壁上的平均 η 相对较高,且不受 BR 的影响。因此,在设计位于叶片 LE 区上游的气膜冷却孔时,推荐采用算例 5,即采用复合角孔的交错双排布局。

综上所述,通过选择合适的气膜冷却孔布置方案,可以优化涡轮叶片 LE 上游区域的冷却效率。算例 1 和算例 5 在整体平均冷却效率方面表现较好,且算例 5 的设计在端壁上的冷却效率等方面具有一定的优势,特别是在端壁上的冷却效率。这些研究结果对于改进气膜冷却系统的设计和提高叶片性能具有重要的指导意义。

4.2 端壁全范围排布

4.2.1 计算域及参数

4.2 节彩图

在本节研究中,采用了图 4.16 所示的计算域,其中涡轮叶片的剖面是根据 Knost[168] 的实际尺寸放大了 9 倍。实验的主要目标是研究端壁气膜冷却,在涡轮叶片两侧形成了一个流动通道区域,涡轮叶片的基本参数如图 4.16 所示。

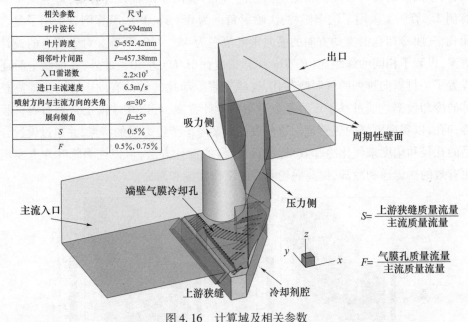

图 4.16 计算域及相关参数

为了确保结果的可比性,主流的速度设置与文献[168]中的实验相同。在中间流道端壁上,放置了几个具有 30°喷射角的气膜冷却孔。为了提供相对均匀的冷却剂流量,这些冷却孔从一个冷气储箱中获取冷却剂,而该冷气储箱的结构是根据气膜冷却孔的分布设计而成的。通过这样的设计,每个冷却孔都能喷出相似流量的冷却剂。为了增加冷却剂的覆盖范围[71,169-170],在端壁气膜冷却孔的上游设置了一个具有 45°喷射角的矩形狭缝,该狭缝位于驻点上游 0.31C 处。通过这个狭缝的设置,冷却剂将以更大的角度喷出,以覆盖更多的叶片表面,并提供更有效的冷却效率。在进行端壁气膜冷却设计之前,引入了两个参数 S 和 F。其中,S 表示狭缝的冷却剂质量流量与主流流量之比,而 F 表示端壁冷却孔的冷却剂质量流量与主流流量之比。这些参数的定义对于冷却设计起到了重要的指导作用,以确保冷却剂的流量在不同部位的合理分配:

$$S = \frac{上游狭缝质量流量}{主流质量流量} \tag{4.3}$$

$$F = \frac{气膜孔质量流量}{主流质量流量} \tag{4.4}$$

端壁气膜孔的设计基于对无膜冷却效应下流动和换热场的计算结果。基于压力系数分布的端壁气膜冷却设计如图 4.17 所示,首先,在没有端壁气膜冷却的情况下,通过数值计算得到了如图 4.17(a)所示的压力场。在压力场上标记设计基线,用于后续的设计方案。根据压力场的分布,提出了两种设计方案,即算例1和算例2。算例1采用了法向圆柱孔,喷射角度为$0°(\beta=0°)$,而算例2采用了复合角孔,气膜冷却孔沿流动方向的横向角度范围为$45°\sim90°$不等。对于所有的设计方案,设置了相同的螺距比(P_c/D)为3,长度比(l/D)为10。此外,在前缘上游还设置了一排横向排列的气膜冷却孔,这些气膜冷却孔的设计有助于进一步提高整体的冷却效率。通过基于压力系数分布的设计方案,可以在端壁上合理布置气膜冷却孔,以实现更好的热管理。这些设计方案考虑了压力场的特点,并通过设置合适的孔径和角度来优化冷却效果。通过这样的设计方法,可以在涡轮叶片上实现更有效的热传递和冷却,提高涡轮叶片的工作性能和寿命。

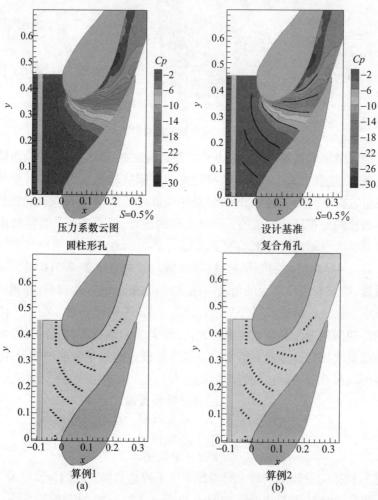

图4.17 (见彩图)基于压力系数分布的端壁气膜冷却设计
算例1—正圆柱孔$(\beta=0°)$;算例2—复合角孔$(\beta=45°、60°、70°、80°、90°)$

基于流线分布和换热系数(HTC)分布,展示了图4.18中的设计方案。图中还包括了基线,并根据分布进行了标记。其中,算例3和算例4仅采用了普通的圆柱孔,算例4的思路是在布置端壁气膜冷却孔时,同时考虑冷却剂过量和温度的影响,每种设计方案中的气膜冷却孔总数在40~60之间。这些设计方案的制定是基于对流线和换热系数分布的深入研究,通过分析流线的分布情况,能够确定最佳的冷却孔布置位置。同时,通过换热系数的分布,可以了解到不同区域的热传递情况,并相应地调整冷却孔的大小和数量。

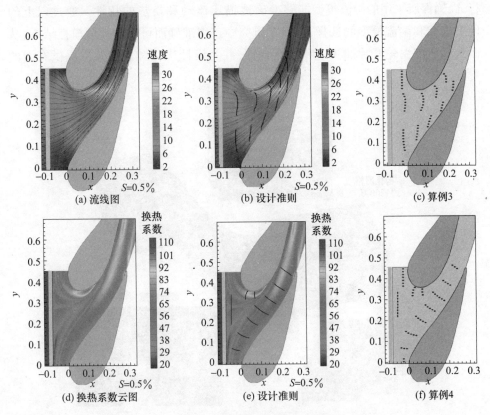

图4.18 (见彩图)基于流线分布的端壁气膜冷却算例
(算例3)和换热系数云图(算例4)

4.2.2 计算方法

4.2.2.1 网格细节

为了确保计算的精度和效率,使用了 ANSYS ICEM 17.1 软件生成结构化网格。在研究中,采用了典型的网格结构,如图4.19所示。在靠近壁面的区域,实验使用了较为密集的网格,以满足湍流模型的要求,即壁面的 y^+ 值应该在1左右。为了提高网格的质量,采用了 o 块、y 块和混合块等方法来生成网格。通过使用结构化网格,可以获得更好的数值计算结果,并且能够更准确地模拟流动和换热的行为。结构化网格具有规则的拓扑结构,可以有效地捕捉流场的细节,并减少数值误差。在本节研究中,采用了 $k-\omega$ SST 模型作为湍流模型,该模型在实际工程中被广泛应用,并且具有较好的准确性和适用性。模型的验证将在接下来的章节中进行,以确保所采用的湍流模型能够准确地描述流动和换热的特性。通过以上的网格生成和湍流模型的选择,可以在研究中获得准确而可靠的数值模拟结果,从而深入研究涡轮叶片的流动和换热特性,并为设计优化和性能改进提供有力的支持。

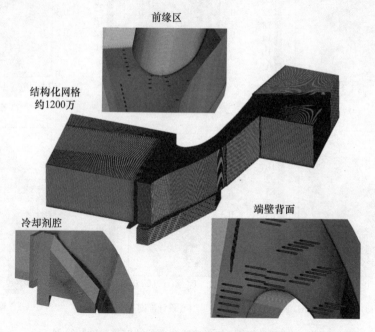

图4.19 计算域典型区域的结构化网格

对算例1进行了气膜冷却质量流量比为0.75时的网格独立性研究。图4.20比较了4种不同的网格方案,分别包括550万个、790万个、1020万个和1390万个网格单元。这4种网格方案的尺度因子分别为0.8、0.9、1.0和1.1,图中对比了端壁的平均冷却效率和压降。在评估不同网格方案的性能时,冷却效率是一个重要指标。冷却效率定义为冷却剂从气膜冷却孔进入流动通道并将热量带走的能力。较高的冷却效率意味着更有效的冷却过程,从而更有效降低了叶片表面的温度。

此外,因为较大的压降可能对涡轮性能产生负面影响,还关注了不同网格方案的压降情况。通过比较,可以观察到不同网格方案之间的性能差异,随着网格单元数量的增加,冷却效率有所提高,因为更细致的网格能够更准确地捕捉流场中的细节。然而,随着网格单元数量的增加,压降也会增加,因为更多的单元意味着更多的计算量和阻力。在选择最适合的网格系统时,需要综合考虑冷却效率和压降。冷却效率计算方法见式(4.2)。

对于不同网格系统,其对平均冷却效率的预测偏差小于0.2%,而对于压降的预测偏差小于0.05%。此外,图4.20展示了不同网格系统对端壁气膜冷却效率的预测云图,可以观察到不同网格系统的云图几乎没有差异。只有在吸力侧的过渡区存在较强的不稳定性时,才会发现微小的差异。在研究中,经过综合考虑网格独立性和预测准确性,拥有1.02×10^7个网格单元的网格系统提供了相对准确的预测结果。考虑到计算资源和精度的平衡,在后续的计算中采用该网格系统。这样可以在保证计算效率的同时,获得相对准确的结果。该网格系统的细化程度足以捕捉流场中的细节,并提供准确的冷却效率预测。

不同网格系统冷却效率和压降的比较

网格	尺寸因子	总网格数	$\Delta P/\text{Pa}$	η_{avg}
网格1	0.8	5589818	609.863	0.233
网格2	0.9	7946225	609.581	0.230
网格3	1.0	10293379	609.093	0.227
网格4	1.1	13902380	607.746	0.226

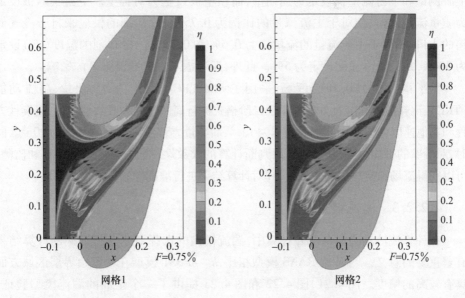

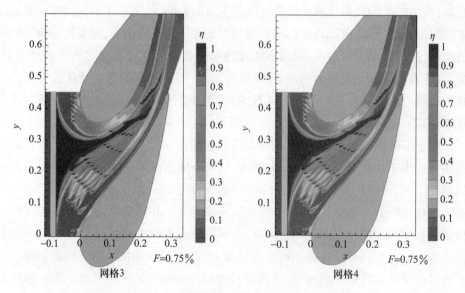

图 4.20 （见彩图）算例 1 的网格独立性研究

4.2.2.2 边界条件和求解器

入口流量条件的设置是基于前人的实验研究[168]，旨在提供比较和验证的便利。在设定中，主流和冷却剂之间的温差设定为 20K，并假设空气的物性保持不变。根据前期实验的结果，确定了主流的速度为 6.3m/s，对应的 $Re = 2.2 \times 10^5$。上游侧壁和下游侧壁被设定为周期壁，而顶壁被设定为对称壁。上游狭缝被设定为质量流量入口，相对于主流流量的比例为 0.75%，冷却剂的供应来自于冷气储箱的入口，相对于主流流量的流量比为 0.5% 和 0.75%。冷却剂的温度（T_c）设定为 300K，并且湍流强度设定为 5%。此外，还考虑了主流湍流强度的影响。

为了耦合压力场和速度场，采用了 SIMPLEC 方法。压力、动量、湍流动能（TKE）、比耗散率和能量方程采用了二阶格式进行离散化。在收敛性方面，连续性方程和其他速度方程使用的绝对判据为 10^{-5}，而能量方程使用的绝对判据为 10^{-9}。同时，对端壁的平均温度进行监测，以判断计算的收敛性。通过这些数值计算和监测，可以获得流场和换热场的收敛解，并对计算结果进行准确性和可靠性的评估。

4.2.2.3 湍流模型

在计算流体动力学（CFD）计算中，湍流模型的选择对于获得准确的计算结果有着重要的意义。与其他 RANS 模型相比，$k - \omega$ SST 模型在处理边界层区域方面具有较高的精度。图 4.21、图 4.22 和图 4.23 提供了一个全面的湍流模型验证。

探讨并比较了 4 种不同的湍流模型,分别是 $k-\omega$ SST 模型、$k-\varepsilon$ 模型、Transition SST 模型和 $k-\varepsilon$ Reliable 模型,实验数据是由 Kang 在文献[167]上得到的。从图 4.21(a)可以看出,与实验数据相比,所有湍流模型对压力系数的预测都很好。吸力侧过渡段后的预测误差较大。对于不同的湍流模型,预测结果是可以接受的。平均斯坦顿数的比较如图 4.21(b)所示,平均斯坦顿数沿流向增加,在过渡区也存在较大的误差。不同湍流模型之间的最大误差与实验数据相比仍在 20% 以内。对于其他区域,预测的换热数据与实验数据相当接近。$k-\omega$ SST 模型对压力系数和斯坦顿数都有很好的预测效果。

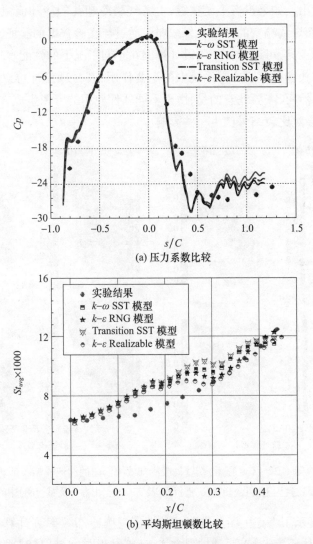

图 4.21 (见彩图)沿流向压力系数和平均斯坦顿数的比较(单级导叶湍流模型验证)

图 4.22 展示了基于 $k-\omega$ SST 模型预测的端壁气膜冷却效率与文献[168]实验数据的对比，实验数据包括前两种设计在不考虑上游狭缝影响的不同气膜冷却质量流量下的端壁气膜冷却效率曲线。模型 1 和模型 2 都是基于压力系数分布进行设计的，而模型 2 还考虑了装配过程中形成的狭缝的影响。研究结果表明，尽管由于不同云图生成软件使用的图例颜色不同而产生了一些小误差，数值计算结果与实验数据之间存在良好的一致性。在数值模拟中，即使是由于冷却剂质量流量变化引起的微小变化也能够在数值计算中准确地得到体现。实验和计算结果的比较表明，在气膜冷却速度比(F)为 0.5% 时，模型 1 中前缘上游的气膜冷却孔几乎没有冷却剂喷出。如果没有上游狭缝，上游气膜冷却孔的冷却流更多地被迫流向叶片表面，从而导致端壁的保护效果减弱。通过与实验数据的验证，数值模拟提供了一种有效的工具，可以评估不同设计算例在不同工况下的性能表现。此外，研究还强调了上游狭缝在气膜冷却系统中的重要作用，其合理设计可以有效改善端壁的冷却效率。然而，需要注意的是，由于不同软件使用的云图生成方法和图例颜色的差异，可能会对比较结果产生一些影响。

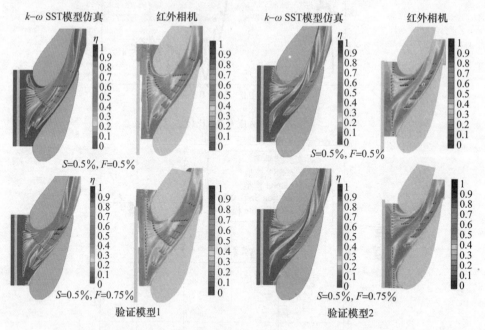

图 4.22 （见彩图）端壁气膜冷却效率云图的湍流模型验证
（采用不同质量流量比且无上游狭缝的情况进行比较，实验数据由参考文献[168]中的红外摄像机获得）

图 4.23 展示了考虑上游狭缝影响的端壁气膜冷却效率 η 计算结果与实验数据的对比。总体而言，对于两种排列方式，计算结果与文献[168]中的实验数据保

持较好的一致性。通过引入上游狭缝,上游区域的气膜冷却效率得到显著提高。冷却剂在狭缝内沿着主流轨迹分布,并从压力侧强制流向吸力侧,从而有效覆盖了端壁。相比图4.22,狭缝内的冷却剂流动也对端壁气膜冷却孔的流动产生一定的影响。来自上游狭缝的冷却剂与主流相互作用,形成一个强大的马蹄涡,似乎"吸收"了其周围的端壁气膜冷却。在模型2中,上游狭缝的作用更为显著。来自上游狭缝的冷却剂绕过端壁气膜流,撞击吸力侧,导致流道中间端壁的冷却剂覆盖不足。此外,在考虑上游狭缝影响的图4.23中,端壁冷却质量流量也对结果产生明显影响。当端壁冷却质量流量较低($F=0.75\%$)时,特别是在叶片前缘上游区域,冷却流存在喷射困难。这表明,在相应的条件下,$k-\omega$ SST模型对端壁气膜冷却效率的预测能力较好。

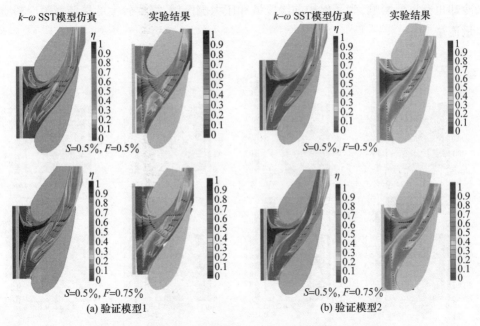

图4.23 (见彩图)端壁气膜冷却效率云图的湍流模型验证
(采用不同质量流量比且带有上游狭缝的情况进行比较)

4.2.3 结果分析

图4.24给出了不同冷却剂质量流量比($F=0.5\%$和0.75%)下不同设计的端壁气膜冷却效率云图。算例1是基于正态圆柱孔的压力系数分布,端壁流动的冷却剂被强烈地推到吸入侧,压力侧的冷却剂覆盖较差。当质量流量比增大时,冷却

剂覆盖率增大,一般设计对中间端壁有比较好的保护。算例 2 也是基于压力系数分布,但采用复合角气膜冷却孔。在算例 2 中,随着气膜冷却孔横向角的逐渐增大,产生了冷却流冲击吸力侧的问题,并改进了对吸力侧的保护。但吸力侧交界处的冷却效率比算例 1 差。算例 3 是基于流线分布的,与算例 1 和算例 2 相比,它在端壁上提供了更大的冷却剂覆盖率。中间端壁的冷却剂覆盖率不是很好,但在较大的质量流量比下有很大的改善。算例 3 对端壁气膜冷却设计中非常重要的压力侧和端壁连接区域进行了显著的改进。算例 4 是基于 HTC 分布的,同时考虑到了冷却剂覆盖和高温区域影响,在高温区域上放置了更多的气膜冷却孔。算例 4 还在端壁上提供了相对较大的冷却剂覆盖,其压力侧和吸入侧保护较好。当质量流量比增大时,冷却剂覆盖率进一步提高。从图中可以看出,质量流量比对端壁气膜冷却也有重要影响,为了保护前缘区域和压力侧区域,需要较大的端壁气膜冷却质量流量。

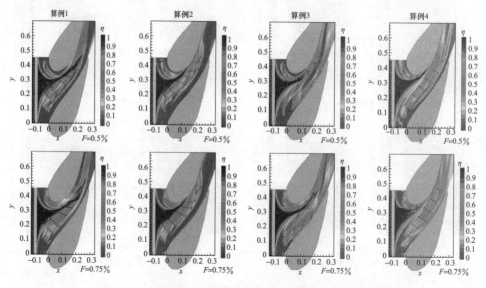

图 4.24 (见彩图)端壁气膜冷却效率云图(不同冷却剂质量流量比)

在质量流量比为 0.75% 的情况下,图 4.25 展示了端壁和叶片表面的气膜冷却效率云图以及 $y-z$ 截面的流线。该图旨在展示端壁气膜冷却孔如何影响叶片表面上的冷却剂覆盖情况。从图中可以观察到,在吸力侧,算例 2 和算例 4 比算例 1 和算例 3 具有更大的冷却剂覆盖面积,压力侧的气膜冷却效率较差,而吸力侧的效果较好。在算例 4 中,端壁气膜冷却得到了改善,冷却剂的分布更加均匀。在 $(y-z)$ 截面上,流动主要从流道内的压力侧向吸力侧移动,并在接近吸力侧时上升。这些结果对于深入理解端壁气膜冷却孔对叶片表面冷却剂覆盖的影响具有重要意义,不同设计方案的比较揭示了设计参数对冷却效率的影响,特别是在吸力侧。此外,流线图提供了流动模式和换热特性的直观展示,有助于进一步研究冷却剂在叶片表面的分布情况。

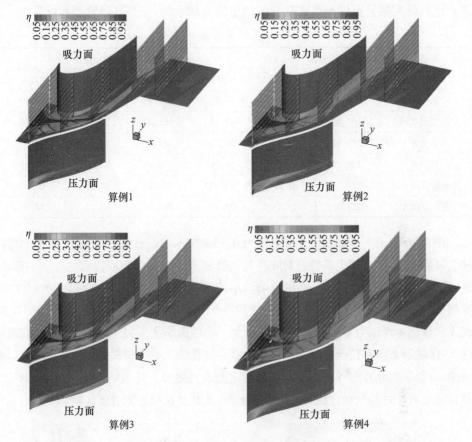

图 4.25 (见彩图)端壁和叶片表面的气膜冷却效率以及 $y-z$ 截面上的流线

表 4.3 展示了在不同质量流量比下不同区域的面积平均气膜冷却效率的比较,同时还对前两种设计进行了比较。所考虑的区域包括端壁、压力侧区域和吸力侧区域。从表中可以观察到端壁气膜冷却孔对叶片表面也有一定的冷却效果。一般而言,吸力侧区域的保护效果优于压力侧区域。随着冷却剂质量流量比的增加,压力侧区域的平均气膜冷却效率显著提高。显然,与其他设计相比,算例 2 在吸力侧区域提供了更好的保护。在以往的设计中,随着冷却剂质量流量比的增加,端壁区域的平均气膜冷却效率降低。然而,在这种设计中,随着质量流量比的增加,叶片表面的平均气膜冷却效率显著提高。算例 3 和算例 4 在端壁和叶片表面均具有良好的气膜冷却性能,尤其是算例 4,不仅提供了良好的平均气膜冷却效率,而且在重点的

高温区域提供了良好的平均气膜冷却效率,这些比较结果为优化叶片冷却系统的设计提供了有价值的信息。不同区域的平均气膜冷却效率的比较揭示了设计参数对冷却剂分布和叶片表面保护的影响,特别是在高温区域,算例4表现出优越的性能。这些研究结果有助于改进高温应用中的冷却系统,提高其热效率和可靠性。

表4.3 气膜冷却效率比较

算例	气膜冷却质量流量比 $F=0.5\%$			气膜冷却质量流量比 $F=0.75\%$		
	端壁 $\times 10^3$	压力侧 $\times 10^3$	吸力侧 $\times 10^3$	端壁 $\times 10^3$	压力侧 $\times 10^3$	吸力侧 $\times 10^3$
算例1	204.75	0.13	17.27	226.96	23.68	23.11
算例2	167.96	0.15	47.19	181.66	24.75	80.88
算例3	213.55	13.85	36.71	243.83	44.84	44.85
算例4	208.78	0.19	58.00	258.13	28.27	78.38
先前算例Ⅰ	217.62	0.15	44.46	249.23	24.65	66.27
先前算例Ⅱ	223.26	13.41	25.49	183.99	42.76	44.76

图4.26显示了冷却剂质量流量比为0.75%时不同设计的端壁压力分布。在端壁气膜冷却设计中,压力系数是对叶片气动性能产生影响的重要因素之一。一般而言,端壁气膜冷却孔对压力分布的影响较小,即其对气动性能的影响不大。算例1和算例2的压力系数分布与未设置端壁气膜冷却孔时的分布几乎相同。相比之下,算例3和算例4对压力系数分布的影响稍大。这种影响主要发生在吸力侧的过渡区域,该区域通常具有较低的压力。在从端壁冷却孔流出的冷却剂的作用下,低压区域减少,这似乎对叶片的气动性能产生了一定的改善效果。这表明端壁气膜冷却在某种程度上对叶片的气动性能具有积极的影响,尤其是在吸力侧过渡区域。

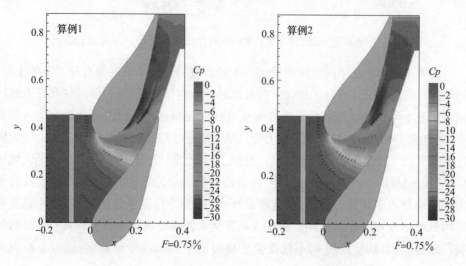

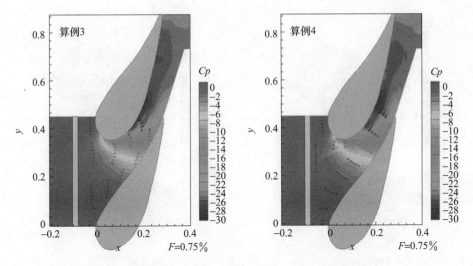

图 4.26 （见彩图）带不同排布气膜冷却孔的端壁压力分布

在不同进口湍流强度条件下，图 4.27 展示了端壁气膜冷却云图，三个不同湍流强度分别为 1.3%、8% 和 15%。结果表明，在不同湍流强度下，端壁气膜冷却的云图变化不大。然而，在湍流强度较高的情况下，冷却剂的覆盖范围似乎稍微扩大了一些。此外，在较大的湍流强度下，端壁与压力侧交界处的冷却剂覆盖率也略有提高。

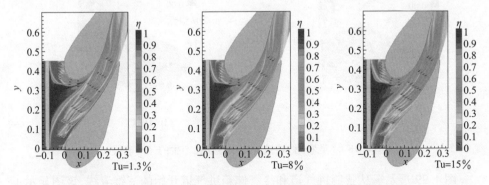

图 4.27 （见彩图）湍流强度对算例 4 端壁气膜冷却效率的影响

图 4.28 展示了来自端壁气膜冷却孔的三维流线，当冷却剂沿着吸力侧发展时，冷却剂的流动加速。冷却剂的喷射方向对端壁冷却剂的扩散起着重要影响，当冷却剂的喷射方向与主流方向存在一定的展角时，冷却剂的覆盖范围增大。图中可以清楚地观察到，当冷却剂沿叶片流道传播时，冷却剂的流动得到增强。

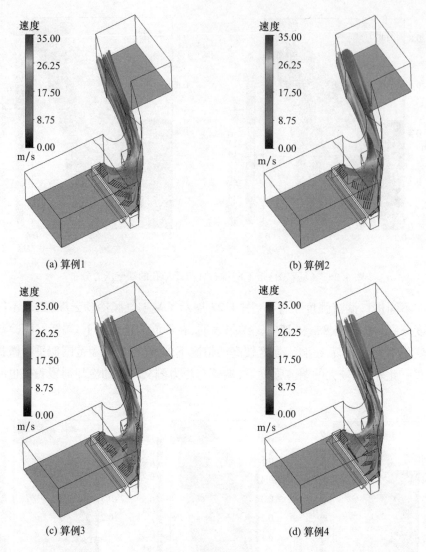

图 4.28 （见彩图）端壁上气膜冷却孔产生的三维流线

图 4.29 展示了从狭缝进气道和冷气储箱进气道开始的三维流线,该图显示了两个冷却源之间相互影响的情况。从狭缝中流出的冷却剂主要存在于通道的中部,狭缝流与从狭缝的下游端壁气膜冷却孔喷出的流体混合在一起。这种混合流与强烈的旋转效应相结合,吸收了靠近喷射方向的端壁冷却流。因此,当端壁气膜冷却孔放置在远离主流接近方向的位置时,冷却剂的覆盖范围得到提高,例如算例3和算例4。

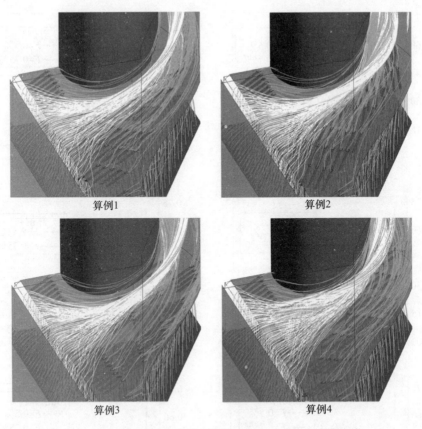

算例1　　　　　　　　　　　算例2

算例3　　　　　　　　　　　算例4

图 4.29　（见彩图）从狭缝和冷气储箱入口开始的三维流线

图 4.30 展示了不同质量流量比下端壁横向平均气膜冷却效率。除了之前的算例 2 外，在大多数情况下，端壁平均气膜冷却效率随着质量流量比的增加而增加。在这种特殊的设计中，当质量流量比增加时，更多的冷却剂被推送到叶片表面。在驻点之前，上游狭缝的作用使平均 η 大于 0.45；在 x/C 范围为 0~0.3 的区域，平均气膜冷却效率形成了 0.30~0.45 的平台，在该区域放置大量的气膜冷却孔，明显改善了气膜冷却效率。在 $x/C > 0.3$ 的区域，平均气膜冷却效率沿流动方向迅速下降。其中一个原因是下游区域放置的气膜冷却孔数量减少，另一个重要原因是冷却剂沿流向上升，导致端壁的冷却效率大幅减弱。当 $x/C > 0.3$ 时，质量流量比的增加对 η 的影响也不明显。然而，算例 4 中的布置方式似乎改善了这种现象，在 $x/C > 0.3$ 的区域具有更高的气膜冷却效率。

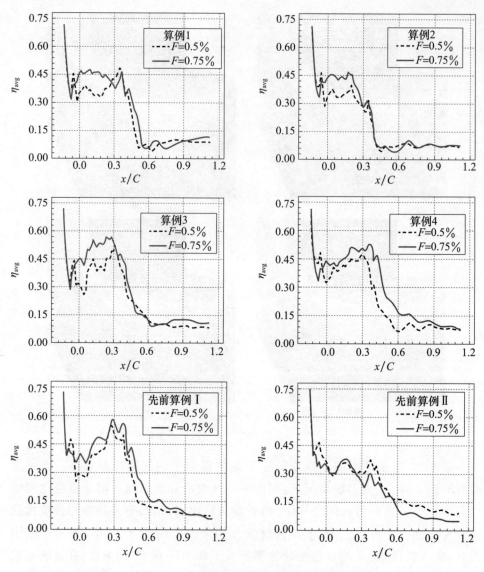

图 4.30 端壁横向平均气膜冷却效率比较

图 4.31 给出了不同设计的端壁横向平均气膜冷却效率的比较,在 $x/C<0$ 区域,所有设计的平均 η 值相近。以往的设计中 $0<x/C<0.3$ 区域的冷却效果较差,而算例 3 在该区域的气膜冷却性能最好;当 $x/C>0.3$ 时,算例 2 的端壁平均 η 下降速度比其他设计更快。从表 4.3 中可知,算例 2 对吸力侧的冷却效果较好,但也反过来削弱了端壁区域的冷却效果。质量流量比也对平均 η 分布产生较大影响。在较大的质量流量比下,算例 3 和算例 4 表现出良好的气膜冷却效率。然而,

之前的算例2在增加质量流量比时呈现出与其他设计完全相反的趋势。这些结果强调了设计参数对端壁气膜冷却性能的重要性,并为进一步优化端壁冷却设计提供了有价值的参考。

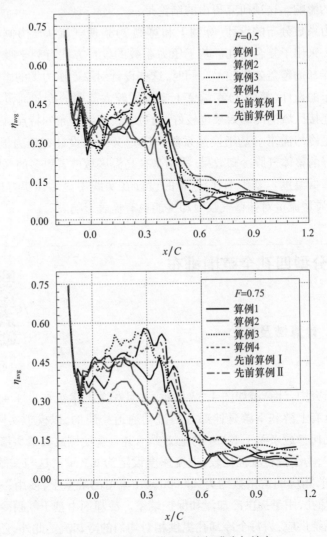

图4.31 （见彩图）横向平均气膜冷却效率

4.2.4 小结

本节研究致力于探究具有复杂流动结构的端壁气膜全尺寸冷却设计。研究旨在改善端壁的整体 η,并改善端壁上冷却困难区域,如提高压力侧和端壁连接区域的气膜冷却效率。为此,提出了基于压力系数分布、流线分布和换热系数(HTC)分布的气膜冷却孔布置设计思路。建立了4种具体的设计方案,并利用验证良好的湍流模型 $k-\omega$ SST 模型进行了数值计算。同时,也考虑了冷却剂质量流量对气膜冷却性能的影响。这项研究得出的结论是:

基于压力系数分布的设计(算例1和算例2)迫使气流从压力侧流向吸力侧,特别是算例2采用了复合角孔。基于压力系数的设计方案有利于吸力侧的冷却,但压力侧的冷却剂覆盖效果较差。同时,这些设计对原始压力场的影响相对较小。基于流线分布的设计(算例3)在端壁上实现了较大范围的冷却剂覆盖,并且在端壁和压力侧连接区域的冷却效果也较好,通过考虑流线分布的特点,该设计方案能够更好地满足冷却需求。基于换热系数(HTC)分布的设计在压力侧和吸力侧上均提供了较好的整体气膜冷却效果,特别是在高温区域放置更多的气膜冷却孔,可以更有效地降低温度。基于 HTC 分布的设计在实践中显示出更好的冷却性能。此外,冷却剂质量流量对端壁气膜冷却性能也有显著影响。

4.3 分型四孔全范围排布

4.3.1 计算域及参数

4.3节彩图

在本节研究中,计算域如图4.32所示,并且相关的参数如表4.4所列。该计算域是根据具有上游和下游延伸部分的流动通道构建的,以模拟实际流动情况。涡轮叶片的几何参数来源于 Knost 的论文[168],并且按比例放大了9倍以适应计算域。在模拟中,为了进行验证比较,主流速度设定为 6.3m/s,这与文献[168]中的实验条件相同,相应的雷诺数约为220000。在流道的端壁上,使用一组喷射角为30°的气膜冷却孔,用于提供冷却流和保护端壁。冷却剂由基于气膜冷却分布建立的压力通风系统供应,为每个冷却孔提供相对均匀的冷却流。此外,还在气膜冷却孔的上游处放置了喷射角为45°的矩形狭缝,为端壁提供额外的保护,类似的狭缝设计也可以在文献[76,171]中找到。这些狭缝位于流道的驻点上游位置,即相对于叶片弦长的 $0.31C$ 处。在进行端壁气膜冷却设计之前,定义了两个参数 S 和 F,它们分别表示来自狭缝和端壁冷却孔的冷却剂质量流量与主流质量流量之间的比值。这些参数的定义有助于评估和比较不同冷却设计方案的冷却性能。S 和 F 计算方法如式(4.3)和式(4.4)。

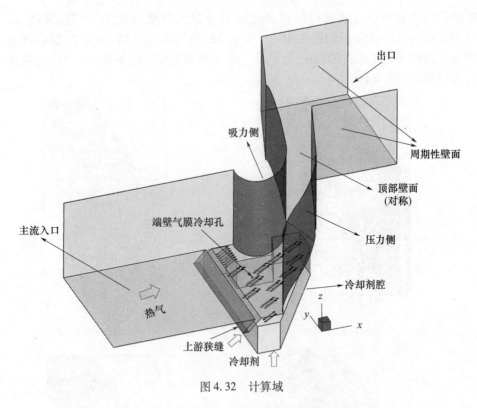

图 4.32 计算域

表 4.4 相关几何参数和流动条件

几何参数		流动条件	
放大尺度	9	入口雷诺数	2.2×10^5
叶片跨度	$S = 552.42\text{mm}$	入口主流速度	6.3m/s
叶片弦长	$C = 594\text{mm}$	S	0.5% ~ 1.25%
相邻叶片之间的间距	$P = 457.38\text{mm}$	F	0.5% ~ 1.25%
冷却剂喷射角度	$\alpha = 30°$	入口主流湍流强度	8%

在研究中，S 和 F 的范围是 0.5% ~ 1.25%。考虑了狭缝质量流量比和冷却孔质量流量比。因为冷却流仍然是主流的一小部分，端壁气膜冷却孔的设计基于原始分布，没有考虑气膜冷却效应。采用了 3 种分布，分别是压力分布、流线分布和换热等值线分布。算例 A 和算例 B 是基于压力分布图设计的，图 4.33 中还显示了算例 A 和算例 B 的设计基线。对于算例 A，气膜冷却孔沿压力等值线布置，间距比（P_c/D）为 3。一些先前的工作[70,169]已经考虑到根据压力系数布置气膜冷却孔，算例 B 也基于压力系数分布，而局部冷却孔组设计为四孔型。四孔型的设计基于均匀分布的 4 个冷却孔的结构，两个相对的冷却孔之间的距离是 4D。在气膜

冷却孔的布置中引入该结构的目的是控制冷却流和增加局部冷却剂覆盖率。对于算例 B,总气膜冷却孔为 40 个,包含 10 个气膜冷却簇,所有气膜冷却孔均为正圆柱形孔,倾斜喷射角为 30°。对于所有设计,间距比(P_c/D)设置为 3,长度比(l/D) = 10。

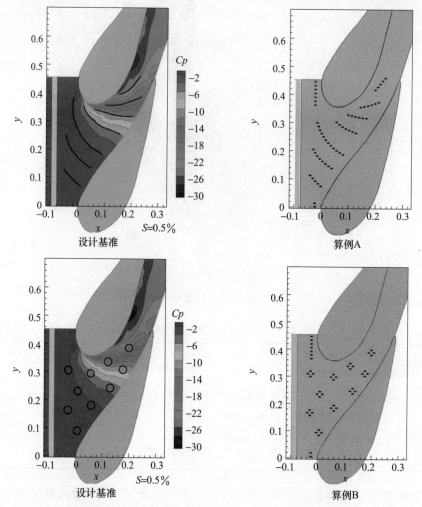

图 4.33　(见彩图)基于压力系数分布的端壁气膜冷却设计
(算例 A:用压力等值线排列的普通圆柱孔;算例 B:用压力分布和分形理论布置的气膜孔)

图 4.34 分别显示了基于流线分布和换热系数(HTC)分布的设计,算例 C 和算例 D。图中提供了气膜冷却孔的设计基线,并根据分布进行了标记。算例 C 和算例 D 中也使用了普通圆柱形孔,算例 D 考虑了端壁上气膜冷却孔布置的换热分布。基于构造结构,每个设计的气膜冷却孔包含 10 个簇,冷却孔的总数

为40。

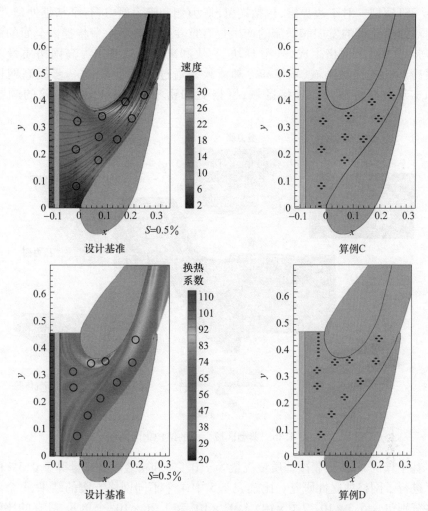

图4.34 （见彩图）基于分形理论流线分布（算例C）和换热系数分布（算例D）的端壁气膜冷却设计

4.3.2 计算方法

4.3.2.1 网格细节

本节研究中使用的网格由 ANSYS ICEM 19.1 生成,采用结构化网格以保证计算效率和精度。局部网格细节如图4.35所示,在近壁区域,网格密度大,以满

足湍流模型 $k-\omega$ SST 的要求,即壁距离 $y^+<1$。本研究中使用的湍流模型是 $k-\omega$ SST模型。对于边界层,包括端壁、压力侧和吸力侧,进行了精细处理,因为它们对通道流动的发展和涡流的产生具有重要影响。下一节将提供全面的湍流模型验证。对于网格生成,采用 O 块、Y 块和离散块策略来提高网格质量。在气膜冷却孔的接触区域,端壁和冷却流狭缝通过接口连接,进一步提高网格质量和实现数据传输。在相接区域,网格更加密集,以保证数据传输的顺畅和高效。

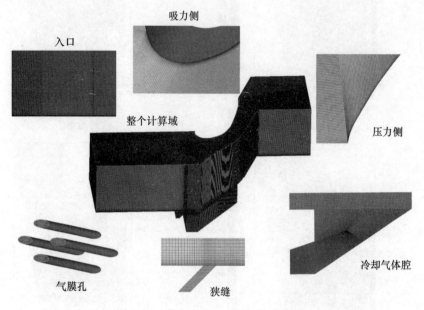

图 4.35 典型区域生成的结构化网格

基于算例 D,在气膜冷却质量流量等于 0.5% 和狭缝质量流量等于 0.5% 的条件下进行了网格独立性研究。比较表 4.5 中 4 个不同网格方案的结果,4 个不同网格分别包含 5.3×10^6、7.6×10^6、1.02×10^7 和 1.36×10^7 个单元,具有的比例因子分别为 0.8、0.9、1.0 和 1.1。表中展示了端壁的平均冷却效率和进出口压降的比较情况,冷却效率的计算方法详见式(4.2)。这些研究结果为选择适当的网格系统提供了依据,并确保在满足计算资源限制的同时保持足够的精度。

表 4.5 平均压降和冷却效率

网格	比例因子	总网格数	ΔP(Pa)	η_{avg}
网格 1	0.8	5368717	396.574	0.214
网格 2	0.9	7631748	398.132	0.216
网格 3	1.0	10290464	397.561	0.215
网格 4	1.1	13696982	399.458	0.219

通过进行网格独立性研究,发现不同网格系统对平均冷却效率和压降的预测偏差非常小。具体而言,预测的平均冷却效率偏差小于0.2%,压降偏差小于0.05%。在考虑计算资源和精度的情况下,选择了一个包含1.02×10^7个单元的中等网格,因为它能够相对准确地预测结果。这样的选择能够在满足精度要求的同时,兼顾计算效率和资源利用。通过这样的网格选择,能够在合理的计算时间内得到可靠的结果,并为进一步的研究和设计提供了有价值的参考。

4.3.2.2 边界条件和求解器

主流流动条件的设置基于先前的实验研究[168],这为湍流模型的验证提供了便利。主流热空气和冷却剂的温度差设定为20K,并且假定空气的特性恒定。因此,本书不考虑与冷热空气温度差异相关的物理性质的影响。基于先前的实验研究[168],主流的速度设定为6.3m/s,对应的雷诺数为2.2×10^5。进气道是一个延伸的通道,将进气流发展为完全发展的流态。选择一种出口流动来设置出口边界条件。计算域的高度只是叶片高度的一半。周期性侧壁在吸力侧和压力侧的边缘分开,以在两个叶片之间提供完整的流道,上游侧壁和下游侧壁设置为周期性壁,且顶壁对称。

质量流从上游狭缝流入,流量比相对于主流的比例为0.5%～1.25%。冷却剂供应在增压室的入口处,流量比相对于主流的比例为0.5%～1.25%。冷却剂温度(T_c)为300K,湍流强度为5%。与实验稍有不同的是,在基于发动机典型条件的计算中,主流湍流强度设定为8%,湍流强度根据液压直径设置。为了便于比较,在湍流模型验证部分,湍流强度与参考文献[168]中的相同,设定为1.3%。

采用SIMPLEC方法对压力场和速度场进行耦合。对于空间离散化,选择基于最小二乘单元的梯度,二阶迎风方案对$k-\omega$ SST模型的压力、动量、湍流动能、比耗散率和能量方程进行离散化,利用残差判断计算的收敛性。对于连续性、x方向的速度、y方向的速度、z方向的速度、k和ω项,绝对标准设置为10^{-6},对于能量方程,绝对标准设置为10^{-8}。除了残差之外,还借助端壁上的平均温度来判断计算的收敛性。两次判断的平均温差小于10^{-8}。

4.3.2.3 湍流模型

在处理复杂流动条件下的湍流问题时,正确选择适合的湍流模型至关重要。$k-\omega$ SST模型是一种常用的湍流模型,它综合了$k-\varepsilon$模型和$k-\omega$模型的优点,并在处理边界层流动时表现出更好的性能。该模型在与涡轮机相关的计算中被广泛应用。

在比较气膜冷却云图之前,同一叶片的压力系数分布和端壁热传递也在之前的工作中得到了验证[84]，实验数据取自 Kang 等的研究[167]。采用了4种不同的湍流模型，包括 $k-\omega$ SST、$k-\varepsilon$ SST、Transition SST 和 $k-\varepsilon$ Realizable 模型，并将它们与实验数据进行了比较。通过比较模型的预测结果与实验数据的吻合程度，能够评估不同模型的准确性和适用性。同样的比较分析有助于了解各个湍流模型的优势和局限性，并选择最适合研究目的的模型。

图4.36 和图4.37 比较了 $S=0.5\%$ 和 $F=0.5\% \sim 0.75\%$ 时预测的端壁气膜冷却效率云图与实验数据的差异。先前设计的结果取自参考文献[168]中的研究，图中同时比较了具有或不具有上游狭缝的端壁气膜冷却效率云图。总体而言，对于所有情况，预测的气膜冷却效率云图与实验数据非常吻合。连同来自上游狭缝的冷却流，冷却剂从压力侧流动到吸力侧。压力侧和端壁的连接区域冷却剂覆盖不足。比较图4.36 和图4.37 可以发现，在较小的气膜冷却孔质量流量比(即 $F=0.5\%$)下，由于前缘区域的高压，叶片前缘上游端壁上的冷却流难以喷出。基于详细的分布特征，可以有效地计算端壁上的冷却剂覆盖率。因此，$k-\omega$ SST 模型也具有很好的预测端壁气膜冷却流动的能力，同时表明来自上游狭缝的冷却流有助于改善端壁的冷却剂覆盖率。

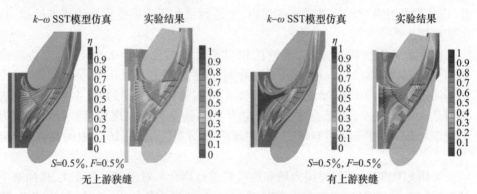

图4.36 （见彩图）湍流模型验证：端壁气膜冷却效率比较（$S=0.5\%$ 和 $F=0.5\%$）

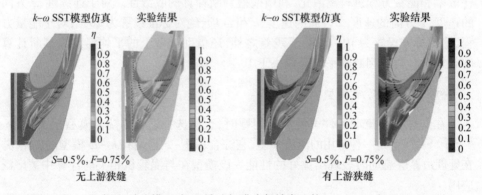

图4.37 （见彩图）湍流模型验证：端壁气膜冷却效率比较（$S=0.5\%$ 和 $F=0.75\%$）

4.3.3 结果分析

图 4.38 显示了不同设计在不同质量流量比下的气膜冷却云图,采用两种质量流量比,分别为 0.5% 和 0.75%。由图可知,气膜冷却孔的布置对端壁上的冷却剂覆盖率有很大的影响。当气膜冷却孔被设计为四孔构造模型时,冷却流很好地汇聚并且不受集中主流的影响。对于传统设计,即算例 A,气膜冷却孔分别散布在端面上的不同位置,主流将冷却流从压力侧推到吸入侧。算例 A 中压力侧和端壁交界处的冷却剂覆盖率较低,算例 B 结合压力分布和四孔构造模型,在端壁上具有良好的冷却剂覆盖率,特别是在压力侧和端壁的结点区域。算例 C 结合流线型分布和四孔构造模型,使气膜冷却孔沿着端面上的流动路径布置,并提供冷却剂覆盖整个端壁。此外,与算例 A 相比,"弱"区域的冷却剂覆盖率大大提高。算例 D 结合了换热分布和四孔构造模式,以去除端壁上的高温区域。气膜冷却孔布置在高换热区域,为降低高温区域提供了一定的便利。此外,在算例 D 中,端壁上的冷却剂覆盖率也有所提高。气膜冷却孔布置与质量流量比对端壁上的冷却剂覆盖率均有很大的影响。当气膜冷却孔的质量流量比从 0.5% 提高到 0.75% 时,在前缘区域和压力侧与端壁连接区域的冷却剂对重要区域的覆盖率显著提高。对于算例 A,在质量流量比较小的条件下,叶片前缘上游的冷却剂难以从气膜冷却孔喷出。然而,在相对较大的质量流量比下,即 $F=0.75\%$ 时,前缘区域可以受到保护。

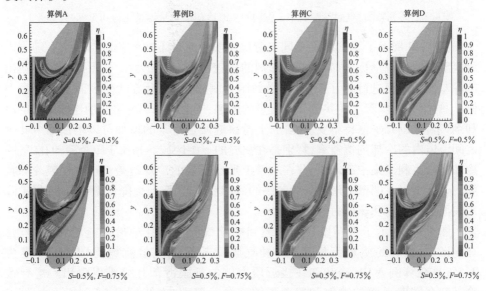

图 4.38 (见彩图)气膜冷却效率云图(采用 0.5% 和 0.75% 冷却剂质量流量比)

图 4.39 展示了算例 B 在不同气膜冷却孔质量流量比下的气膜冷却效率等值线,在这个图中,气膜冷却孔的质量流量比在 0.5%~1.25% 之间变化。质量流量比对端壁上的冷却剂覆盖率有着显著影响,在较大的质量流量比下,冷却剂从端壁强烈地喷出并直接撞击叶片表面。这种情况下,诸如前缘端壁区域和压力侧-端壁连接区域等位置都能够得到较好的保护。因此,增加质量流量比是扩大端壁冷却剂覆盖率的一种有效方法。然而,当质量流量比过大时,更多的冷却剂会直接冲击端壁,导致端壁上的冷却剂覆盖率降低。因此,在选择冷却孔的质量流量比时,需要平衡连接区域的冷却效果,以保证端壁和叶片表面都能得到适当的冷却。增加质量流量比可以提高冷却剂在难以附着的坚硬区域上的冷却剂覆盖率,从而改善冷却效果。因此,在设计气膜冷却系统时,质量流量比的选择需要综合考虑不同区域的冷却需求和冷却剂的覆盖效果。通过合理调节质量流量比,可以实现端壁和叶片表面的均衡冷却,提高整体的冷却效率,并保护关键区域不过热和损坏。

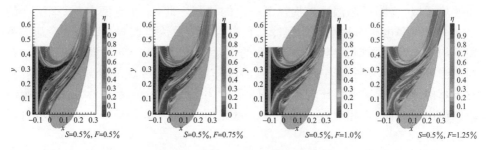

图 4.39 (见彩图)气膜冷却效率云图(算例 B,冷却剂质量流量比为 0.5%~1.25%)

图 4.40 展示了算例 B 在不同上游狭缝质量流量下的气膜冷却云图。随着上游狭缝的质量流量比增加,端壁冷却剂的覆盖范围显著扩大。从上游狭缝中喷出的冷却流与主流进行相互作用,并受到压力侧的驱动,沿着叶片表面流动到吸力侧。总体而言,随着上游狭缝质量流量的增加,压力侧和端壁之间的连接区域的冷却剂覆盖范围几乎保持不变。然而,上游狭缝质量流量的增加可以增加两个叶片之间流道内的冷却剂覆盖率,特别是在狭缝的下游区域。相比于单个冷却孔,气膜冷却孔簇有利于集中冷却流,并在端壁上形成有效的冷却覆盖。这种气膜冷却孔簇的设计可以在端壁上形成更大范围的冷却剂覆盖,有效地降低端壁温度,保护叶片表面免受高温和热应力的影响。

图 4.41 展示了不同设计的狭缝和端壁气膜冷却孔中冷却流的相互作用。在该图中,狭缝的质量流量比(S)和气膜冷却孔的质量流量比(F)都设定为 0.5%。在算例 A 中,冷却剂在接近压力侧的气膜冷却孔处难以喷出。这导致冷却剂在端壁表面的喷射和覆盖不够充分。然而,在算例 B、算例 C 和算例 D 中,当气膜冷却孔形成簇时,冷却剂的喷射和覆盖得到了改善。特别是在使用气

膜冷却孔簇时,从前缘上游的气膜冷却孔喷射冷却剂的效果得到了提高。对于算例A,冷却剂很难在前缘区域附近的端壁上喷出。从狭缝中喷出的冷却剂主要聚集在流道的中间区域以及端壁和叶片的接合区域,导致较低的冷却剂覆盖。

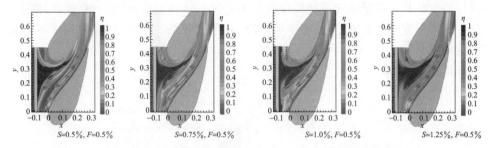

图4.40 （见彩图）基于压力分布和分形理论设计的气膜冷却效率云图
（算例B,狭缝质量流量比的范围为0.5%~1.25%）

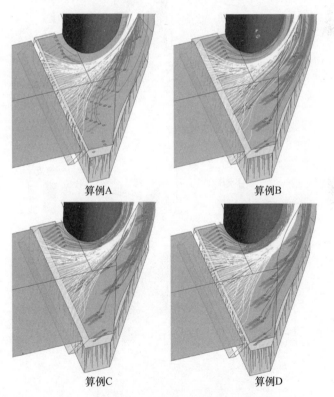

图4.41 （见彩图）不同设计的端壁流线分布
（狭缝质量流量比和气膜冷却孔质量流量比分别设定为0.5%和0.5%）

图 4.42 显示了两个叶片之间的流道中($y-z$)截面上的速度分布,选择了两个($y-z$)剖面,分别为 $x=0$ 和 $x=0.5C$。从该图中可以明显看出,主流由叶片沿着流向加速,压力侧附近的速度低于吸力侧。关于不同的气膜冷却孔布置,如算例 A 和算例 B 所示,主流速度分布不会变化太大。由于冷却流仅占主流的小部分,因此可以在叶片-端壁连接区域发现微小的差异。从压力侧到吸力侧,速度逐渐增加。在端壁或叶片表面附近,由于剪切应力,速度较低。然而,端壁附近区域的流动扰动更大。

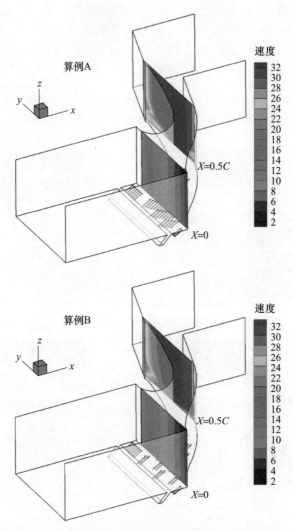

图 4.42 (见彩图)两叶片间流道中 z 截面上的速度分布
(两个($y-z$)截面,分别为 $x=0$ 和 $x=0.5C$)

根据图 4.43 的结果,可以看出不同质量流量比条件下的端壁横向平均气膜冷却效率,图中还包括了前两种设计的计算结果。沿着流向的方向,平均气膜冷却效率逐渐降低。当 x/C 约为 0.5 时,平均气膜冷却效率急剧下降。总体而言,在相对较大的气膜冷却孔质量流量比条件下,气膜冷却效率较高。然而,对于算例 C,情况有所不同,气膜冷却效率并没有随着质量流量比的增加而明显变化。对于前面的算例Ⅰ,当 $x/C<0.4$ 时,气膜冷却效率先减小后增大;当 $x/C>0.5$ 时,气膜冷却效率迅速减小。与算例 A 相比,基于分形结构模式的设计在下游区域的气膜冷却效率显著提高。此外,基于结构模式的设计具有相对较高的平均气膜冷却效率。

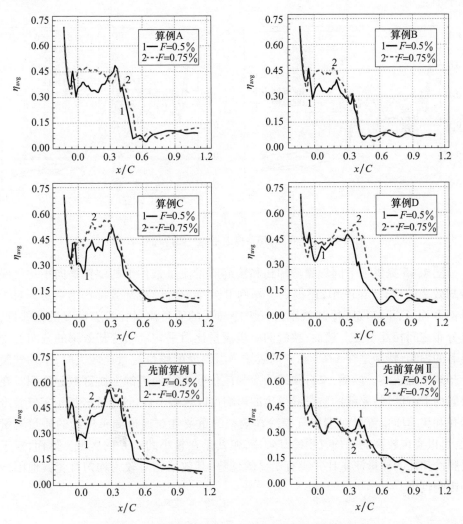

图 4.43 不同质量流量比下端壁横向平均气膜冷却效率

根据图 4.44 的比较结果,可以看出不同设计的端壁横向平均气膜冷却效率。每个结果是通过展向所有结果的平均得到的。对所有设计而言,平均气膜冷却效率在靠近驻点区域时达到最大值。当 $x/C>0.4$ 时,如果没有设置气膜冷却孔,气膜冷却效率会迅速降低。从图中还可以清楚地观察到,气膜冷却孔的质量流量比对横向平均气膜冷却效率的分布产生了显著影响。基于分形模式的设计似乎不受质量流量比的影响,而基于压力系数分布的设计则受质量流量比的显著影响。在较大的质量流量比下,基于压力系数分布的设计实现了更高的平均气膜冷却效率。对于之前的设计 Ⅰ 和 Ⅱ,当 $x/C>0.6$ 时,它们具有相对较大的气膜冷却效率值。

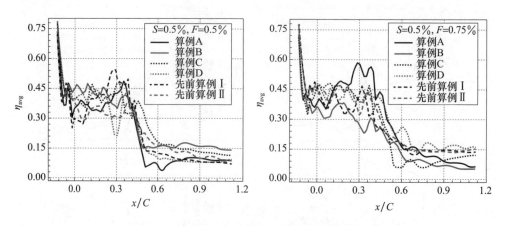

图 4.44　(见彩图)端壁横向平均气膜冷却效率比较

图 4.45 提供了不同气膜冷却孔和狭缝质量流量条件下的端壁横向平均气膜冷却效率的比较,在图中,还提供了算例 B 的端壁气膜冷却效率作为参考。对于算例 B 而言,平均气膜冷却效率对气膜冷却孔的质量流量比没有明显的依赖性,且分布之间相互重叠。然而,狭缝的质量流量比对平均气膜冷却效率的分布有着显著的影响,特别是在 $x/C<0.4$ 的区域。当狭缝的质量流量比较大时,平均气膜冷却效率也较高。然而,来自狭缝的冷却流仅在流动通道的上游区域起作用。在狭缝的下游区域,狭缝的质量流量比的影响可以忽略不计,这个比较揭示了气膜冷却孔和狭缝质量流量对端壁气膜冷却效率的重要性。通过调整狭缝的质量流量比,可以实现较高的平均气膜冷却效率,尤其是在较小的 x/C 的区域。然而,对于气膜冷却孔的质量流量比并没有明显的优势,其效果相对较为均匀且受其他因素的影响较小。

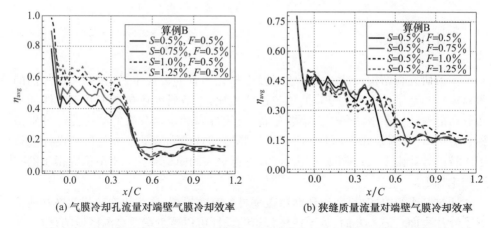

(a) 气膜冷却孔流量对端壁气膜冷却效率　　　(b) 狭缝质量流量对端壁气膜冷却效率

图 4.45 （见彩图）不同狭缝质量流量比下端壁横向平均气膜冷却效率（算例 B）

表 4.6 提供了不同区域的平均气膜冷却效率的比较，先前算例 I 和先前算例 II 以及相关结果引自 Knost 的参考文献[168]。从该表中可以看出，基于结构的设计，即算例 B、算例 C 和算例 D，在平均气膜冷却效率方面相对较高。当气膜冷却孔的质量流量比增加时，压力侧和吸力侧的平均气膜冷却效率也随之增加。冷却流以较大的质量流量比从气膜冷却孔中喷出，并强烈冲击叶片表面。对于基于结构的设计而言，相较于算例 A 和之前的算例，叶片表面的平均气膜冷却效率增加得更快。在较低的质量流量比下，叶片表面的平均冷却效率较低，尤其是在压力侧。然而，在较大的质量流量比下，压力侧的冷却效率大大提高，这些结果揭示了气膜冷却孔质量流量比对不同区域平均气膜冷却效率的重要性。基于结构的设计在提高整体冷却效率方面表现出优势，并且随着质量流量比的增加，其效果更为显著，压力侧受益于较大的质量流量比，呈现出冷却效率明显的提升。

表 4.6 气膜冷却效率的比较

	气膜孔质量流量比 $F=0.5\%$			气膜孔质量流量比 $F=0.75\%$		
算例	端壁 $\times 10^3$	压力侧 $\times 10^3$	吸力侧 $\times 10^3$	端壁 $\times 10^3$	压力侧 $\times 10^3$	吸力侧 $\times 10^3$
算例 A	204.75	0.13	17.27	226.96	23.68	23.11
算例 B	263.39	0.14	26.00	283.96	26.32	35.34
算例 C	260.90	0.69	41.38	245.61	22.89	57.17
算例 D	215.29	0.74	40.68	250.89	25.38	59.27
先前算例 I	217.62	0.15	44.46	249.23	24.65	66.27
先前算例 II	223.26	13.41	25.49	183.99	42.76	44.76

4.3.4 小结

本节研究将结构设计引入端壁气膜冷却孔布置的设计中,旨在提高冷却剂的覆盖率。与基于压力系数分布的传统设计相比,本节研究还包括了基于流线和换热分布的设计。基于结合压力系数分布、流线分布和换热分布的结构设计分别被称为算例 B、算例 C 和算例 D。研究将气膜冷却效率和流动细节与传统设计进行了比较。计算由 $k-\omega$ SST 模型进行,并进行全面的模型验证。本节研究得出的一些结论如下。

通过基于流线的设计,冷却剂覆盖率可以有效提高,这意味着冷却剂更好地覆盖了叶片表面。另一方面,基于换热分布的设计可以减少端壁高温区域的存在,从而提高了冷却效率。更重要的是,研究介绍了一种结合了压力分布、流线分布和换热分布的结构设计方法,结果显示整体平均气膜冷却效率得到了进一步提高。在较大的气膜冷却孔质量流量比下,总体冷却剂覆盖率显著增加,这意味着更多的冷却剂被喷出并覆盖了叶片表面,提供了更有效的冷却效果。此外,增加狭缝质量流量可以改善流道中心区域的冷却剂覆盖率,这是因为增加了从狭缝中流出的冷却剂量。然而,对于"困难"区域(如压力侧和端壁连接区域),增加狭缝质量流量并没有作用,无法显著改善冷却剂的覆盖率。

对于采用四孔结构的气膜冷却簇,冷却流的喷射效果更加强烈,这可以显著提高冷却剂的覆盖率。与传统算例 A 不同的是,具有构造结构的设计(即算例 B、算例 C 和算例 D)的横向平均气膜冷却效率不再依赖于冷却剂供应的质量流量比。这种结构设计有助于提高"困难"区域的局部冷却剂覆盖率,例如压力侧和端壁连接区域。在这些区域,由于流动的复杂性和受限的空间条件,传统设计可能无法有效地覆盖冷却剂,导致冷却效果不佳。然而,通过采用具有构造结构的设计,可以改善这些"困难"区域的局部冷却剂覆盖率,从而提高整体气膜冷却效率。

4.4 气体物性的影响

4.4.1 计算域及参数

4.4 节彩图

为了模拟端壁气膜冷却,使用了一个简化的导叶,其参考自 Knost 的论文[168],并将其放大了 9 倍。计算域如图 4.46 所示,并且相关的设计和操作参数在表 4.7

中进行了概述。该计算域包括一个主流通道和一个冷却剂供应腔室,主流通道位于两个导叶之间,为了适应流动发展,上游和下游还增加了扩展部分。主流采用质量流量入口,质量流量为 1.6kg/s,Re 为 128600(动力粘度选择在 1700K 的温度下)。参考长度为导叶的弦长,跨度为594mm。基于 Knost 的研究[168],在相同的流动条件下获得的结果作为比较的基准。气膜冷却孔以 30°的角度布置在端壁上,冷却剂从一个腔室供应,模拟了端壁气膜冷却的实际工作条件。除了气膜冷却孔外,还在孔的上游位置设置了一个狭缝,为端壁提供额外的保护。这个狭缝类似于参考文献[72-73]中提到的狭缝,是由两个端壁组件组装而成的。该狭缝位于导叶上游 0.31C 处的位置,有助于从狭缝和气膜冷却孔中供应冷却剂。因此,研究中定义了两个参数 S 和 F,分别表示狭缝和气膜冷却孔的冷却剂质量流量与主流流量的比值,计算公式见式(4.3),式(4.4)。考虑了质量流量比的影响,本节将 S 和 F 分别设为 1%~2%。

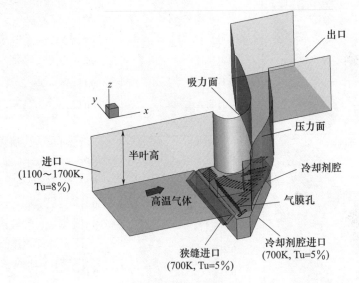

图 4.46 计算域示意图

表 4.7 相关的几何参数和流动参数

几何参数		流动条件	
放大尺度	9	进口雷诺数	128600
叶片跨度	$S = 552.42$mm	进口质量流量	1.6kg/s
叶片弦长	$C = 594$mm	S	1%~2%
相邻叶片间距	$P = 457.38$mm	F	1%~2%
冷却剂喷射角度	$\alpha = 30°$	进口主流湍流强度	8%

端壁气膜冷却孔的排列基于不同的原则,共有 6 种不同的配置,如图 4.47 所

示。算例 A 和算例 B 是基于参考文献[168]中的先前排列而得出的,特别地,算例 B 考虑了两个端壁组件组装时形成的间隙的影响。算例 C,算例 D 和算例 E 则分别基于压力分布、流线分布和换热系数分布设计,旨在增强冷却剂覆盖范围。这些分布是在不考虑来自端壁气膜冷却孔的冷却流影响的情况下计算得出的。算例 F 也基于压力系数,引入了一个四孔模式。基于分形理论,这个四孔模式在增强局部冷却剂覆盖方面具有优势。对于算例 A ~ 算例 E,气膜冷却孔的间距比(P_C/D)为 3。对于算例 F,两个相对的气膜冷却孔之间的距离是它们直径的 4 倍($4D$)。所有气膜冷却孔都是具有 30°喷射角的圆柱形,并在端壁上按照长度比例为 10 排列。无论设计如何,质量流量保持恒定,冷却孔的总数在 40 ~ 50 之间变化。

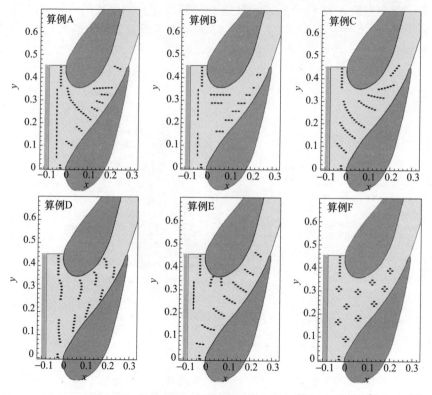

图 4.47 涡轮端壁上不同的气膜冷却孔排列方式

4.4.2 计算方法

4.4.2.1 网格

本节的网格是在 ANSYS Fluent 19.1 软件中生成的,由于计算域的复杂性,进行网格生成,如图 4.48 所示将域划分为几个子域。为了便于结果数据的传输,这些子域通过 interface 相互连接,该接口可以通过插值处理两个分离的网格表面上的数据传输。每个子域采用结构化网格,以减少网格数量,提高计算精度。由于采用 $k-\omega$ SST 湍流模型,壁面附近的网格密度较大,壁面 y^+ 近似等于 1。对于每个子域,采用了独特的网格策略,如 O 块和 Y 块,以提高网格质量。此外,包含接口的区域也具有异常密集的网格,确保了准确流畅的数据传输。

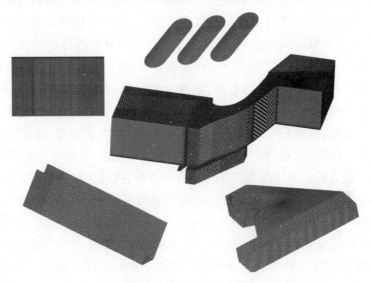

图 4.48　网格细节示意图

算例 D 在气膜冷却质量流量比为 2% 和狭缝质量流量为 1% 时进行了网格无关性验证。设计了 4 种网格,网格数分别为 5.36×10^6、7.63×10^6、1.029×10^7、1.369×10^7。根据节点增加因子分别为 0.8、0.9、1.0 和 1.1 构建网格,采用进口和出口之间的压降和平均气膜冷却效率进行比较,采用面积平均法计算了压降和平均气膜冷却效率。η 的定义见式(4.2)。

从表 4.8 可以看出,不同网格预测的压降之间具有良好的一致性,差异在 1% 以内。对于平均气膜冷却效率,两种网格之间的差异在 2% 以内。考虑到壁面处理功能、计算精度和计算工作量的要求,选择了网格数量为 1.029×10^7 的网格。

表 4.8　平均压降和冷却效率的比较(算例 D)

网格	缩放因子	总网格数	ΔP/Pa	η_{avg}
网格 1	0.8	5344239	361.4	0.327
网格 2	0.9	7552357	361.5	0.326
网格 3	1.0	10281718	361.5	0.323
网格 4	1.1	13746964	361.5	0.322

4.4.2.2 湍流模型

在求解复杂的流动问题时,湍流模型的选择是非常重要的。在本节研究中,采用了 $k-\omega$ SST 模型来处理涡轮端壁壁面有界流动,$k-\omega$ SST 模型结合了 $k-\omega$ 模型和 $k-\varepsilon$ 模型的优点,在预测近壁面流动模拟剪切流动方面具有较好的精度。

图 4.49 展示了计算结果与实验数据的比较,除了气膜冷却效率外,基本叶片参数,如压力系数和端壁换热系数,已在先前的研究中进行了验证[84],相关实验数据来源于文献[167]。图 4.49(a)比较了 $k-\omega$ SST 模型预测的冷却效率云图与红外摄像机捕捉到的实验数据,端壁上的气膜冷却孔按照文献[167]中的实验模型 1 和模型 2 进行排列。从图中可以看出,η 分布等值线与实验数据具有良好的一致性,然而在叶片和端壁连接区域存在较大的误差,这是因为红外摄像机的准确度较低,大量的冷却剂从上游的狭缝中喷出,并将来自端壁冷却孔的冷却剂推向吸力侧。对于这种气膜冷却孔的布置,前缘上游的冷却剂很难喷出,而在环境压力较小的下游冷却孔处,冷却剂更容易喷出。图 4.49(b)展示了在模型 1 和模型 2 中排列的横向平均值 η 的比较。图中的每个数据点都是通过在横向上对一簇结果数据进行平均获得的,总体而言,数值计算预测的沿流向的横向平均值 η 与实验数据具有良好的一致性,误差在 10% 以内。而在上游区域,可以发现较大的误差,这是因为冷却剂主要从狭缝中喷出。在模拟中,狭缝的入口边界条件设置为均匀速度,但在实验中很难实现这一点。不同的环境压力导致不同的喷射模式,从而在峰值处也产生了相对较大的误差。根据结果,$k-\omega$ SST 模型预测的数值结果具有足够的准确性,可以在横向计算中使用。

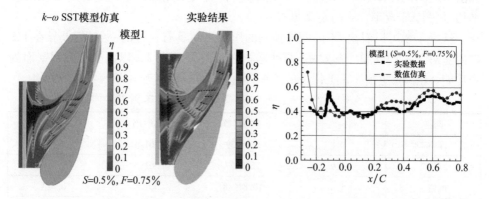

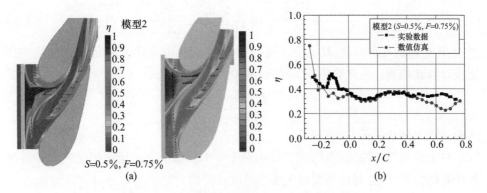

图 4.49 （见彩图）湍流模型与实验数据的对比

(a) 气膜冷却效率云图的对比；(b) 横向平均气膜冷却效率对比。

4.4.2.3 气体热物性

在不可压缩流动中，理想气体的密度通过理想气体定律计算，表达式如下：

$$\rho = \frac{P_{op}}{\frac{R}{M_w}T} \tag{4.5}$$

式中：R 为理想气体常数；M_w 为气体的分子量；P_{op} 为操作压力。

理想气体定律是最简单的数学热力学方程，用于连接温度、压力和其他参数。然而，在较高压力和较低温度下，它变得越来越不准确。为了解决这个问题，改进了 Redlich – Kwong 状态方程[172]，其原始形式为

$$P = \frac{RT}{V-b} - \frac{\alpha_0}{V(V+b)T_r^{0.5}} \tag{4.6}$$

式中：P 为绝对压力(Pa)；R 为理想气体常数；V 为比摩尔体积($m^3/kmol$)；T 为温度(K)；T_r 为还原温度 T/T_c，T_c 为临界温度；α_0 和 b 为与流体临界压力和温度相关的常数。

对于黏度，使用了 Sutherland 定律，并具有以下形式，其中包含 3 个系数：

$$\mu = \mu_0 \left(\frac{T}{T_0}\right)^{3/2} \frac{T_0 + S}{T + S} \tag{4.7}$$

式中：μ 为黏度($kg/m \cdot s$)；T 为静态温度(K)；μ_0 为参考黏度值($kg/m \cdot s$)；T_0 为参考温度(K)；S 为有效温度(Sutherland 常数)。对于中等温度和压力下的空气而言：$\mu_0 = 1.716 \times 10^{-5} kg/m \cdot s$；$T = 273.11K$；$S = 110.56K$。

热导率由动力学理论得出：

$$k = \frac{15}{4} \frac{R}{M_w} \mu \left[\frac{4}{15} \frac{c_p M_w}{R} + \frac{1}{3} \right] \tag{4.8}$$

式中：R 为理想气体常数；M 为分子量；μ 为物质的黏度或计算黏度；c_p 为物质的指定或计算比热容。比热容由动力学理论得出：

$$c_{p,j} = \frac{1}{2} \frac{R}{M_{w,j}} (f_i + 2) \tag{4.9}$$

式中：f_i 为气体种类的自由度数。

对于恒定气体性质，热物性参数从表4.9中获取。对于使用恒定气体属性进行计算的情况，气体属性是根据主流的温度获得的。

表4.9 从 NIST 数据库中获取的 1MPa 下的气体热物性参数

温度/K	密度/(kg/m³)	热导率/(10^{-2}W/m·K)	比热容/(kJ/kg·K)	动力粘度/(10^{-5}Pa·s)
700	5.023	5.066	1.0781	3.33
1100	3.199	7.327	1.1631	4.44
1400	2.515	8.918	1.2154	5.17
1700	2.071	10.551	1.2677	5.85

4.4.2.4 边界条件和求解器

边界设置与文献[168]中的实验相同，主流进口设定为(1100~1700K)，湍流强度为8%。进口的质量流量设置为1.6kg/s，对应的雷诺数为128600，当进口空气温度设定为1700K时(动力粘度为5.85×10^{-5}Pa·s)，进口区域建立了上游延长通道以发展进口主流。计算中，应用了3种气体热物性模型，即常数性质气体模型、真实气体模型和理想气体模型。对于常数性质气体，气体热物性模型由主流决定，相应的热物性模型详见4.4.2.3节。计算域中使用了叶片高度的一半来减少网格数量，并为顶壁设置了对称边界。除叶片表面外，两侧设定为周期性边界条件，出口设定为压力出口，环境压力为1MPa。端壁气膜冷却孔的冷却剂由与端壁连接的聚气室提供，质量流量比为1%~2%，温度设定为700K，湍流强度为5%。上游狭缝选择质量流量入口，流量设置为主流的1%~2%。本书中湍流强度的设定基于类似发动机的条件，与文献[168]中的实验不同。

采用 SIMPLEC 方法耦合压力和速度场，采用二阶迎风格式对压力、动量、湍流动能、特定耗散率和能量方程进行离散化。收敛性基于残差和端壁平均温度确定。连续性、x-速度、y-速度、z-速度、k 项和 ω 项的绝对收敛标准设定为 10^{-5}，能量方程设定为 10^{-8}。为保证收敛，两次迭代之间端壁平均温度的误差应小于 10^{-4}。

4.4.3 结果分析

图 4.50 比较了不同算例下 $S=1\%$ 和 $F=2\%$ 情况下的端壁气膜冷却效率云图,选择了真实气体模型来处理气体热物性参数。从图中可以看出,端壁冷却孔的冷却流与上游狭缝的冷却流相互作用,在两个叶片之间的流动通道中形成了大范围的冷却剂覆盖区域。端壁冷却孔的布置也会影响通道漩涡的流动路径。在算例 B 和算例 F 中,喷出的冷却流沿主流方向发展,并更容易冲击到叶片的压力侧。对于不同的设计,"困难"区域的冷却剂覆盖情况不同,算例 B、算例 D、算例 E 和算例 F 在压力侧和叶片交界区域冷却剂覆盖效果更好,在算例 B、算例 C 和算例 D 的前缘区域,冷却剂很难被喷出。

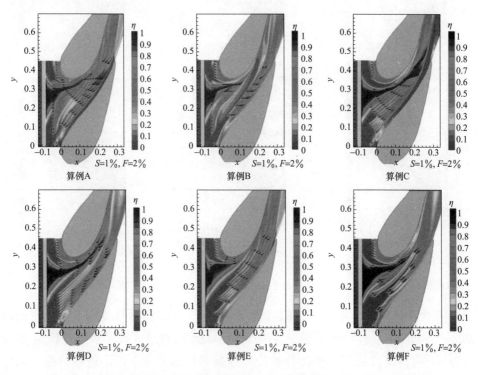

图 4.50 (见彩图)真实气体模型的端壁气膜冷却效率云图($S=1\%$,$F=2\%$)

考虑气体热物性参数,图 4.51 显示了不同算例下端壁气膜冷却效率云图。分别采用了 3 种气体热物性模型,即真实气体模型、理想气体模型和常数性质气体模型。用于比较的是基于压力系数分布和极限流线分布的算例 A 和算例 D。从图中可以看出,对于恒定性质气体的算例,冷却剂喷射明显增强。这表明恒定性质气体的算例在尾迹区域的冷却剂覆盖范围比其他算例小。对于真实气体和理想气体的算例,冷却剂在冷却孔的尾迹区域有较大的覆盖范围。真实气体和理想气体的算例下,高温区域的气体密度较大。为了保持相同的质量流量,真实气体和理想气体的算例下使用了较小的冷却剂喷射速度。然而,由于温度和压力远离临界点,真实气体模型和理想气体模型之间的差异非常小。

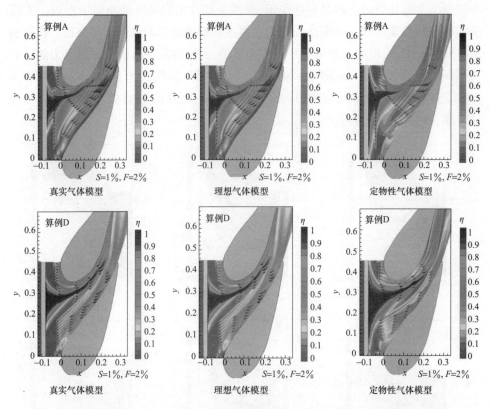

图 4.51 （见彩图）不同气体热物性参数下的端壁气膜冷却效率云图(算例 A 和算例 D)

图 4.52 比较了具有不同气体热物性参数(算例 A 和算例 D)的展向平均气膜冷却效率。从图中可以看出,在恒定性质气体的算例下,狭缝区域的平均 η 较大,这种趋势与具有恒定性质的冷却孔冷却剂覆盖情况完全不同。狭缝的喷射角为 45°,而冷却孔的喷射角为 30°。对于喷射角为 30°的冷却剂,气体密度更具决定性作用,真实气体和理想气体的算例下冷却孔区域的冷却剂的覆盖范围更大。然而,对于喷射角为 45°的狭缝区域,当气体性质不变时,喷出速度对冷却剂覆盖率的决定更占优势,且气体性质不变时的情况下具有更大的冷却剂覆盖率。在 $0 < x/C < 0.3$ 区域内,真实气体模型和理想气体模型的情况下具有较大的冷却剂覆盖范围。随着端壁

混合流的发展,不同工况下冷却剂覆盖率的差异越来越小,并相互重叠。

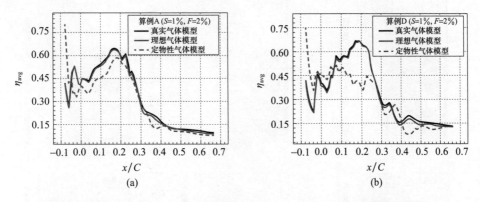

图 4.52 (见彩图)不同气体热物性参数下的展向平均冷却效率(算例 A 和算例 D)

图 4.53 对比了算例 D 在不同冷却孔质量流量和不同气体热物性参数(即真实气体模型和定物性气体模型)下的末端冷却效率云图。主流温度设置为 1700K, S 为 1%, F 为 1% ~ 2%。总体而言,随着 S 的增加,冷却剂覆盖范围增加,当 F = 2% 时可以得到相对完整的冷却剂覆盖范围。然而,当应用不同的气体热物性模型时,冷却剂流动的分布完全不同,在真实气体情况下,当 F 设定为 1% 时,冷却剂无法从 $x/C = 0$ 附近的冷却孔中喷出。而在恒定性质气体情况下,冷却剂覆盖效果明显改善。在 1700K 的温度下,真实气体模型的气体比恒定性质气体模型的密度大,密度较小的气体具有更大的喷射速度,容易从上游区域喷出。当供应的冷却剂 $F = 1.5\%$ 增加到 2% 时,冷却剂并没有明显增加。当应用密度较小的冷却剂时,更多的冷却流将与主流混合,在端壁面上几乎没有冷却剂覆盖。当一个单独的冷却孔翻转时,可以在真实气体模型的情况下观察到明显的冷却尾迹。F 的增加对真实气体模型的影响更为明显,这表明,当冷却剂喷射速度增加时,具有较大密度的气体可以更好地保护壁面。从下游冷却孔流出的冷却剂对从间隙喷出的冷却剂没有明显影响,因此对于所有情况来说,来自上游间隙的冷却剂流量几乎相同。

图 4.54 显示了算例 D 在不同气体热物性参数和不同冷却孔质量流量下的展向平均值 η。从图中可以看出,分布呈现先增加后减小的趋势。当存在大量冷却孔时,在 $0.1 < x/C < 0.3$ 的区域中存在较大的平均值 η。对于真实气体模型的情况,随着 F 的增加,平均值 η 增加。然而,当 F 从 1.5% 增加到 2% 时,增加的趋势减弱。此外,在恒定性质气体模型的情况下,当 S 增加时,平均值 η 的分布重叠。这种现象是由于不同气体模型在 1700K 时具有不同的密度,具有较大密度的气体在 F 增加时具有扩大冷却剂覆盖范围的优势。

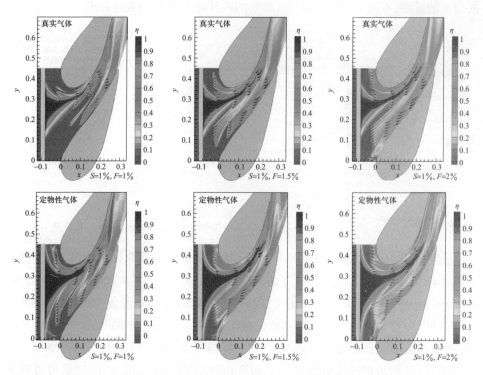

图 4.53 （见彩图）不同狭缝质量流量及气体热物理性质下端壁气膜冷却效率云图比较（算例 D）

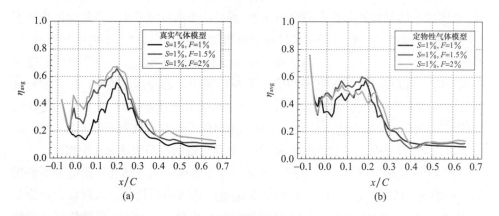

图 4.54 （见彩图）不同狭缝质量流量及气体热物理性质下展向平均气膜冷却效率分布（算例 D）

图 4.55 比较了算例 D 在不同气体热物理性质和不同狭缝质量流量下的端壁气膜冷却效率云图，S 范围为 1% ~ 2%，F 设置为 2%，主流温度也设置为 1700K。从图中可以明显看到从上游狭缝喷出的冷却流在两个叶片之间的中间通道上有明显的冷却覆盖效果。随着 S 的增加，冷却覆盖范围从中间通道扩大

到 LE 端壁,并沿通道中的马蹄涡发展。在具有定物性气体模型的情况下,冷却覆盖的增加更为明显。然而,在 S 从 1.5% 增加到 2% 时,真实气体模型的情况下冷却覆盖的增加趋势减弱。与图 4.53 中的现象类似,真实气体模型的情况下,唤醒区域更为明显。在具有恒定属性气体模型的情况下,在最大的 S 值,即 S=2% 时,也发现了相对较大且较强的唤醒区域。这表明当从狭缝喷出来的冷却剂速度很高,它可以改变下游端壁的压力场,由于下游的压力场较低,有利于端壁上的冷却覆盖。

图 4.56 展示了算例 D 在不同气体热物理性质和不同狭缝质量流量下的展向平均气膜冷却效率的比较。通过比较图 4.54 和图 4.56,可以发现来自狭缝的冷却流主要在 $-0.1<x/C<0.1$ 的区域起作用,并且在 $0.1<x/C<0.3$ 的区域中稍微增加了侧向平均值 η。在 $0.3<x/C<0.6$ 的区域,真实气体模型情况下的分布趋势与恒定属性气体模型的情况不同,证明了来自狭缝的喷射流对下游流场的影响。如图所示,当 S 从 1.5% 增加到 2% 时,侧向平均值 η 的增加并不明显。然而,当 S 从 1.0% 增加到 2% 时,恒定属性气体的情况下 η 逐渐改善,这表明对于具有 45°喷射角的狭缝来说,增加的速度对于改善冷却覆盖更加有效。

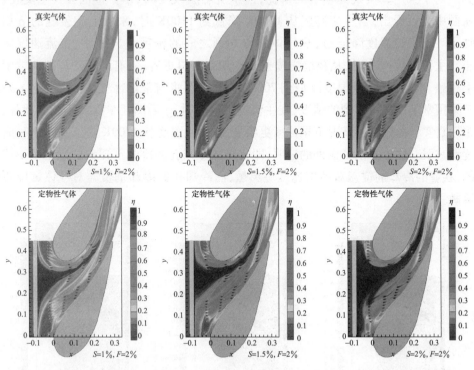

图 4.55 (见彩图)不同狭缝质量流量及气体热物理性质下端壁气膜冷却效率云图比较(算例 D)

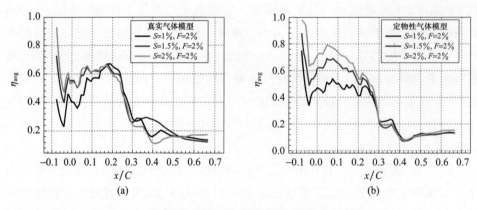

图 4.56 （见彩图）不同狭缝质量流量及气体热物理性质下
平均横向气膜冷却效率（算例 D）

图 4.57 比较了算例 D 在不同气体热物理性质下以及不同主流温度下的端壁气膜冷却效率云图。主流温度范围为 1700～1100K，具有相同的湍流强度。对于常定性气体模型，热物性参数是在主流温度下获取的，可以在表 4.9 中找到。对于采用真实气体模型的情况，当主流温度改变时，η 分布也会发生变化。从图中可以看出，当主流温度从 1700K 降低到 1100K 时，来自上游狭缝的 η 增加了。当主流温度降低时，热气体和冷却剂之间的密度差异变小，主流速度减小。主流速度减小时，从狭缝中喷射出冷却剂变得更容易，有利于冷却剂在端壁上覆盖。预计当主流温度降低到 700K 时，η 云图将与常定性气体情况相似。对于采用常定性气体模型的情况，在主流温度改变时，η 云图几乎保持不变。此外，采用真实气体模型的情况下尾流区更明显，在主流温度从 1700K 降低到 1100K 时逐渐减弱。这也提供了额外的证明，即狭缝和冷却孔的冷却剂覆盖的确定是不同的，狭缝的冷却剂覆盖对喷射速度更灵敏，而冷却孔的冷却剂覆盖对气体密度更灵敏。

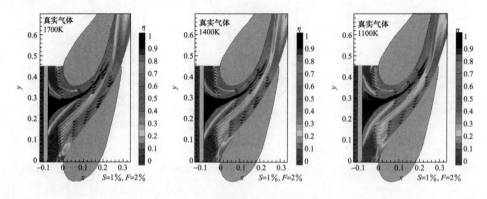

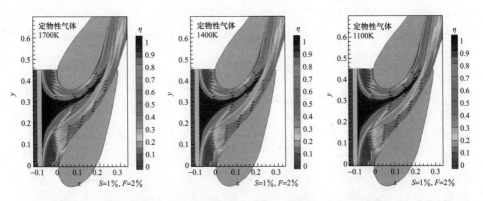

图 4.57 （见彩图）不同主流温度和气体热物性质下端壁气膜冷却效率云图（算例 D）

图 4.58 展示了算例 D 在不同气体热物理性质下以及不同主流温度下的展向平均气膜冷却效率的比较。从图中可以看出，在 $-0.1<x/C<0.1$ 的区域，展向平均端壁 η 随着主流温度的降低而增加，该区域是冷却剂从狭缝中流出的主要作用区域。然而，在 $0.1<x/C<0.3$ 的区域，当主流温度降低时，侧向平均值 η 的分布则完全不同。对于采用恒定性气体模型的情况，侧向平均值 η 的分布几乎相同。因此，可以得出结论，端壁 η 的分布主要由热气体和冷却剂的喷射速度以及密度大小的相对比例决定。喷射速度和密度差异对冷却剂覆盖的影响在不同的喷射角度（如狭缝和冷却孔）上有所不同。

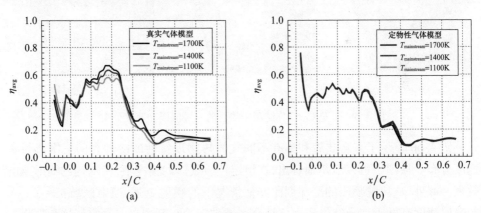

图 4.58 （见彩图）不同主流温度及气体热物性质下平均横向气膜冷却效率（算例 D）

图 4.59 显示了来自不同算例的狭缝和冷却孔的三维流线和速度分布。主流设置为 1700K，并对所有情况应用真实气体模型。从狭缝注入的冷却剂与主流相互作用，并通过横向压力梯度将混合流引向导叶板（SS）。当冷却剂从流道沿流动方向发展时，很难附着在端壁上。对于来自端壁气膜冷却孔的冷却剂，它沿流道加

速并被横向压力梯度推向导叶。然而,对于不同的情况,导叶－压力侧连接区域的冷却剂覆盖程度是不同的,从图中可以看出,算例 B、算例 D 和算例 F 在"困难"区域具有更好的冷却剂覆盖效果。

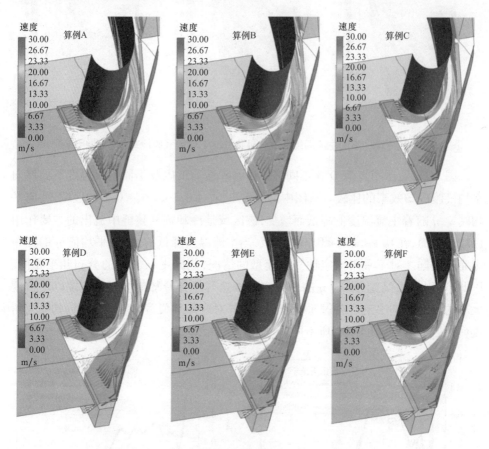

图 4.59 （见彩图）狭缝和冷却孔的三维流线和速度分布

图 4.60 显示了来自狭缝和具有不同气体热物理特性的冷却孔的三维流线和速度分布。从图中可以清楚地看出,在恒定性质气体的情况下,冷却剂的喷射速度较大。此外,从狭缝喷出的冷却剂比其他情况下的喷射更强,喷射区域扩大,更大的喷射速度有助于在导叶－压力侧结合区域进行冷却剂覆盖。真实气体和理想气体之间的差异非常小,因为温度和压力状态远离临界点。

图 4.61 展示了来自端壁气膜冷却孔与主流相互作用的流线,图中可以看出冷却剂沿导叶流道的流动受到主流的加速作用。同时观察到,在导叶－压力侧交界区域存在一个角涡,阻止了冷却剂附着在端壁上。从压力侧到吸力侧,横向流动加速,并且在吸力侧达到了速度峰值。从前缘到背风面,冷却孔喷出的冷却剂沿着压

力面发展,并被主流向上引导。因此,在角区的冷却剂覆盖较差。

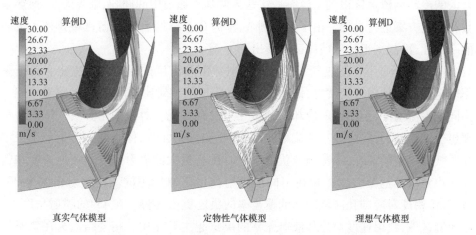

图 4.60 （见彩图）上游狭缝和端壁气膜孔的三维流线发展与速度分布（算例 D）

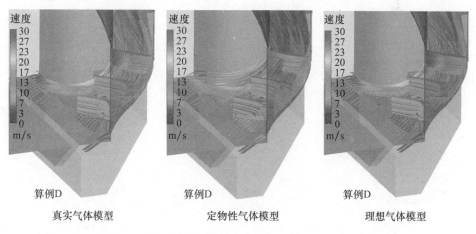

图 4.61 （见彩图）端壁三维流线与主流流动的相互作用图（算例 D）

4.4.4 小结

在本节研究中,考察了在类似于发动机边界条件下,气体热物理性质对端壁气膜冷却的影响。采用了经过验证的湍流模型,即 $k-\omega$ SST 模型,考虑了 6 种工况端壁气膜冷却设计。研究中采用了 3 种气体热物理性质模型,即真实气体模型、理想气体模型和定物理性质气体模型,讨论了全范围端壁气膜冷却的冷却效率和流动结构。

173

在采用真实气体模型的算例 B、算例 D、算例 E 和算例 F 中,压力侧－导叶结合区的冷却剂覆盖度得到了改善。这些算例基于通道中间间隙、临界流线、换热系数和四孔方案进行设计。由于在算例 A、算例 C 和算例 D 在上游区域排列了更多的冷却孔,冷却剂很难从前缘区域喷出。

端壁 η 分布主要由热气和冷却剂喷射速度和密度的相对比值决定。对于采用恒定性质气体模型的情况,即喷射速度和密度的相对比例没有变化,尽管应用了不同的主流温度,但端壁的冷却剂分布几乎没有变化。对于采用真实气体模型和理想气体模型的情况,冷却孔流出的冷却剂具有更大的气体密度。对于采用恒定性质气体模型的情况,冷却剂从狭缝流出时具有更大的喷射速度。喷射速度和密度大小对冷却剂覆盖的影响在不同的喷射角度下有所不同。在喷射角度为 30°时,气体密度对冷却孔区域冷却剂覆盖率的决定更占优势。在 45°的喷射角度下,即狭缝区域,喷射速度对冷却液覆盖率的决定起主导作用。相关结论为在忽略气体热物性影响的室温实验台中开展端壁气膜冷却实验提供了良好的参考。

第 5 章
总结与展望

5.1 总结

本书采用实验和数值结合的方法,结合流动拓扑结构、涡动力学和分形理论设计思想,对传统涡轮叶片冷却技术进行结构设计和流动控制,提高其冷却效率。针对涡轮内冷肋片通道的创新设计包括截断肋片、分型截断肋片、带孔肋片和倾斜孔肋片;针对涡轮端壁气膜冷却的创新设计包括前缘端壁气膜冷却设计、全范围气膜冷却排布设计、分型四孔气膜冷却设计和物性对全范围气膜冷却的影响等内容。通过作者的研究,得到的结论如下:

1. 关于截断肋片的研究结论

截断肋片能够在不降低热传递增强的情况下减小压力损失。在并行算例中,算例1~算例5,算例5具有最大的热传递增强并降低了压力损失。通过改变布置为交错布置,算例6~算例8,可以进一步增强热传导,同时伴随适度的压力下降。两侧结合中间截断肋片的算例,算例8,提供了最大的热传递增强。总的来说,算例5在$(Nu/Nu_0)/(f/f_0)$和$(Nu/Nu_0)/(f/f_0)^{1/3}$两个因素中提供了最好的热性能。在肋片后面存在循环流动,导致这个区域的热传递低。截断肋片在截断间隙处产生横向漩涡,减少了肋片后方的循环流动。截断肋片增强了流体混合,从而增强了热传递。通过交错布置,流动路径变得更复杂,流动混合进一步增强。因此,通过交错布置获得了最大的热传递增强。在考虑热性能的情况下,两侧截断肋片的算例,算例5适用于涡轮叶片的高长宽比通道,增强因子约为10%。如果目标是在不产生大量压力下降损失的情况下增强热传递,两侧和中间截断肋片的算例(算例8)也是推荐的,增强因子约为8%。

2. 关于分型截断肋片的研究结论

在低雷诺数下,具有较小长度尺度的分形截断肋片具有更高的热传递。在高雷诺数下,不同算例的 Nu 差异可以忽略不计。总的来说,具有较小长度尺度的分形截断肋片具有更均匀的热传递场。分形截断肋片壁上的流动是一种包含流动分离和流动重新附着的复杂流动结构。基于在每个测量点的标准偏差之和最小的原理,Nu 与雷诺数之间的相关性分别为算例 2,算例 3 和算例 4 的 $Re^{0.69}$,$Re^{0.64}$ 和 $Re^{0.61}$。对于不同长度尺度的分形截断肋片,Nu 与雷诺数之间的相关性在 $Re^{0.6}$ ~ $Re^{0.75}$ 之间变化,与之前的研究结果吻合良好。在分形截断肋片演变过程中,高 Nu 区域的分布模式保持不变,这对于流场也是有效的。

3. 关于带孔肋片的研究结论

与正常肋片(算例 1)相比,通过带孔肋片微小的压降使得肋片后的低热传递大大改善。当穿孔比例大时(算例 4),这种现象更为明显。局部热传递场增强约 10% ~ 24%,整体热传递增强约 4% ~ 8%。整体热性能因子,$(Nu/Nu_0)/(f/f_0)$ 和 $(Nu/Nu_0)/(f/f_0)^{1/3}$,在穿孔算例中得到改善。总体来说,穿孔算例得到了更均匀的热传递场。穿孔算例减少了肋片后的循环流动。减少的循环流动增强了这个区域的局部热传递。然而,带孔肋片扰动了流动重新附着区域,稍微降低了这个区域的局部热传递。当穿孔比例大时(算例 4),这种现象更为明显。带孔肋片算例得到了相对均匀的压力、湍流动能、流线分布。由于带孔肋片能改善整体热性能并提供更均匀的热传递场,因此它在涡轮叶片内部冷却的应用中具有很大的潜力。

4. 关于倾斜孔肋片的研究结论

所有倾斜的算例(算例 1b ~ 算例 1d 和算例 2b ~ 算例 2d)与直行算例(算例 1a 和算例 1d)相比,提供了略大的整体平均 Nu。增强比率约为 1.85% ~ 4.94%。在倾斜孔算例中,与倾斜方向相反的半部分(区域 3)的平均 Nu 增大,这与角度肋片类似。与区域 3 相反,倾斜孔算例通常在沿倾斜方向的半部分(区域 4)具有较小的平均 Nu。对于具有两种形状的倾斜孔算例,圆形或方形,平均 Nu 和压力降中没有明显的差异对于穿孔算例,肋片后的循环流动减少。减少的循环流动增强了这个区域的局部热传递。通过带孔肋片,流动循环区域的大小减小。对于直孔算例和小倾斜角算例,穿透流动在穿孔区域的两侧与主流流动混合。当倾斜角度更大,例如算例 1c、算例 1d、算例 2c 和算例 2d,穿透流动被推向倾斜方向,并仅在沿倾斜方向的侧面与即将到来的流动混合。

5. 关于前缘端壁气膜冷却的研究结论

位于叶片前缘上游的气膜冷却孔对叶片表面和端壁都有冷却效果。在较小的吹风比(BR)下,端壁上的冷却效率 η 占主导地位。当 BR 增大时,叶片表面的 η 更快地增加并变得占主导地位。从气膜冷却孔中喷出的冷却流与生成的马蹄形漩涡相结合,并沿着叶片通道发展。整体平均气膜冷却效率随着 BR 的增大而增大。

在主流湍流强度较大的情况下,叶片-端壁连接区域得到更好的保护。相比其他算例,算例1和算例5具有相对较高的整体平均冷却效率。当BR较低时,尽管算例2和算例4也有两行复合角孔的交错布置,但在压力侧(PS)上几乎没有冷却覆盖。算例5,与算例2和算例4相比具有相反的布置,无论BR大小,端壁上的平均η都相对较高。推荐使用交错的两行复合角孔布置,即算例5,用于设计前缘区域上游的气膜冷却孔。

6. 关于端壁全范围气膜冷却的研究结论

基于压力系数分布的设计(算例1和算例2)将流动从压力侧引导到吸力侧,特别是在采用复合角孔的算例2中。基于压力系数的设计对吸力侧的冷却有益,但在压力侧的冷却覆盖较差。然而,这些设计对原始压力场的影响很小。基于流线分布的设计(算例3)在端壁上有较大的冷却覆盖面,并在端壁和压力侧交界区域提供良好的冷却覆盖。基于HTC分布的设计在压力侧和吸力侧上都提供了较大的整体气膜冷却效果。更多的气膜冷却孔位于高温区域,这在实践中更有效。此外,冷却剂质量流量也对端壁气膜冷却性能有很大影响。基于流线的设计可以有效地提高冷却剂覆盖面,而基于热传递分布的设计有利于减少端壁上的高温区域。引入了结合压力分布、流线分布和热传递分布的构造结构,发现整体平均气膜冷却效率可以进一步提高。在气膜冷却孔的大质量流量比下,整体冷却覆盖面大大提高。增加狭缝质量流量比可以改善流通区中心区域的冷却覆盖面,但并不能改善"困难"区域的冷却覆盖面。

7. 关于分型四孔端壁气膜冷却的研究结论

对于具有4个孔构造模式的气膜冷却集群,冷却流的喷射更强烈,可以改善冷却覆盖面。与传统的设计不同,研究中构造的设计,即算例B、算例C和算例D的横向平均气膜冷却效率并不依赖于冷却剂的质量流量比,这些设计在改善"困难"区域(如压力侧和端壁交接区)的局部冷却覆盖面方面具有优势。基于流线的设计可以有效地提高冷却剂覆盖面,而基于热传递分布的设计有利于减少端壁上的高温区域。引入了结合压力分布、流线分布和热传递分布的构造结构,发现整体平均气膜冷却效率可以进一步提高。在大质量流量比下,整体冷却覆盖面大大提高。增加狭缝质量流量比可以改善流通区中心区域的冷却覆盖面,但并不能改善"困难"区域的冷却覆盖面。对于具有4个孔构造模式的气膜冷却集群,冷却流的喷射更强烈,可以改善冷却覆盖面。与传统的算例A不同,具有构造结构的设计,即算例B、算例C和算例D的横向平均气膜冷却效率并不依赖于冷却剂的质量流量比。这些设计在改善"困难"区域(如压力侧和端壁交接区)的局部冷却覆盖面方面具有优势。

8. 考虑真实气体物性端壁气膜冷却的研究结论

在应用真实气体模型的算例 B、算例 D、算例 E 和算例 F 中,压力侧-叶片交接区域的冷却覆盖面得到改善,这些模型是基于通道中间间隙临界流线换热系数和四孔模式设计的。由于在上游区域设置了更多的冷却孔,算例 A、算例 C 和算例 D 的前缘区域冷却剂难以喷出。端壁 η 分布主要取决于热气体和冷却剂的喷射速度和密度的相对比例。对于具有恒定属性气体模型的情况,即喷射速度和密度的相对比例没有改变,尽管应用了不同的主流温度,端壁 η 分布几乎没有变化。对于采用真实气体模型和理想气体模型的情况,它们对于来自冷却孔的冷却流具有较大的气体密度。对于定物性气体模型的算例,来自狭缝的冷却流具有较大的喷射速度。喷射速度和密度大小对冷却覆盖的影响在不同的喷射角度下有所不同。当喷射角度为 30°时,气体密度在决定冷却孔区域的冷却覆盖上占主导地位。在喷射角度为 45°的狭缝区域,喷射速度在决定冷却覆盖上占主导地位。相关结论为在忽略气体热物理属性影响的常温实验台上进行端壁气膜冷却实验提供了良好的参考。

5.2 展望

基于流动控制的涡轮叶片冷却技术是航空航天和电力产业中关键的研究领域。随着对更高效率、更高性能的追求,未来这一领域可能有以下发展趋势:

1. 高级模拟与优化工具的应用

计算流体动力学(CFD)已经在涡轮叶片冷却设计中发挥了重要作用,但是,随着计算能力的提升和机器学习技术的发展,未来我们可以期待这些工具将进一步提高涡轮叶片冷却效率和性能。例如,使用机器学习算法优化孔洞的布局和尺寸,以提高冷却效率并减少压力损失。同时,更高精度的 CFD 模型可以更准确地模拟和预测冷却效率,使设计者可以在设计阶段做出更好的决策。

2. 新材料和制造技术的应用

新材料和制造技术,如超高温合金和陶瓷基复合材料、3D 打印等,将对涡轮叶片冷却技术产生深远影响。这些新材料可以在更高的温度下保持良好的机械性能,使得燃气轮机能在更高的温度下运行,从而提高其效率。同时,3D 打印等先进制造技术可以制造出传统方法无法实现的复杂冷却通道结构,从而提高冷却效率。

3. 更有效的流动控制策略

研究人员正在探索和开发更有效的流动控制策略,以改善涡轮叶片的冷却性能。例如,一些研究正在探索使用被动或主动的流动控制技术(如阻流板、射流等)改变涡轮叶片表面或冷却通道内的流场,从而提高冷却效率。此外,利用气膜冷却和转子–定子叶片间的气流控制也是未来的研究重点。

4. 更全面的性能评估

随着环保要求的提高,未来的涡轮叶片冷却技术需要更全面地评估其性能,包括冷却效率、压力损失、燃料消耗以及对环境的影响等。这可能需要开发新的评估方法和指标。

5. 多学科的交叉融合

未来的涡轮叶片冷却技术可能需要物理、化学、材料科学、计算科学等多个学科的交叉融合,以应对越来越复杂的问题。例如,通过对材料和冷却流体的化学反应进行模拟,可以更准确地预测材料在高温环境下的性能和寿命。

综上所述,基于流动控制的涡轮叶片冷却技术在未来可能会有许多新的发展。但同时,这也带来了许多挑战,需要科研人员进行深入研究和创新。

参考文献

[1] Han J C, Dutta S, Ekkad S. Gas turbine heat transfer and cooling technology[M]. Boca Raton : CRC press, 2012.

[2] Han J C, Park J S. Developing heat transfer in rectangular channels with rib turbulators[J]. International Journal of Heat and Mass Transfer, 1988, 31(1):183 – 195.

[3] Liou T M, Hwang J J. Effect of ridge shapes on turbulent heat transfer and friction in a rectangular channel[J]. International Journal of Heat and Mass Transfer, 1993, 36(4):931 – 940.

[4] Chung H, Park J S, Park S, et al. Augmented heat transfer with intersecting rib in rectangular channels having different aspect ratios[J]. International Journal of Heat and Mass Transfer, 2015, 88:357 – 367.

[5] Alfarawi S, Abdel – Moneim S A, Bodalal A. Experimental investigations of heat transfer enhancement from rectangular duct roughened by hybrid ribs[J]. International Journal of Thermal Sciences, 2017, 118:123 – 138.

[6] Abraham S, Vedula R P. Heat transfer and pressure drop measurements in a square cross – section converging channel with V and W rib turbulators[J]. Experimental Thermal and Fluid Science, 2016, 70:208 – 219.

[7] Yang W, Xue S, He Y, et al. Experimental study on the heat transfer characteristics of high blockage ribs channel[J]. Experimental Thermal and Fluid Science, 2017, 83:248 – 259.

[8] Singh P, Pandit J, Ekkad S V. Characterization of heat transfer enhancement and frictional losses in a two – pass square duct featuring unique combinations of rib turbulators and cylindrical dimples [J]. International Journal of Heat and Mass Transfer, 2017, 106:629 – 647.

[9] Singh P, Ekkad S. Experimental study of heat transfer augmentation in a two – pass channel featuring V – shaped ribs and cylindrical dimples[J]. Applied Thermal Engineering, 2017, 116:205 – 216.

[10] Wang L, Sundén B. Experimental investigation of local heat transfer in a square duct with continuous and truncated ribs[J]. Experimental Heat Transfer, 2005, 18(3):179 – 197.

[11] Xie G, Liu J, M. Ligrani P. Flow structure and heat transfer in a square passage with offset mid – truncated ribs [J]. International Journal of Heat and Mass Transfer, 2014, 71:44 – 56.

[12] Liu J, Hussain S, Wang J. Heat transfer enhancement and turbulent flow in a high aspect ratio channel(4:1)with ribs of various truncation types and arrangements [J]. International Journal of Thermal Sciences, 2018, 123:99 – 116.

[13] Liou T M, Chang S W, Lan Y A, et al. Heat transfer and flow characteristics of two - pass parallelogram channels with attached and detached transverse ribs[J]. Journal of Heat Transfer, 2017,139(4):042001.

[14] Kumar A, Chauhan R, Kumar R, et al. Developing heat transfer and pressure loss in an air passage with multi discrete V - blockages[J]. Experimental Thermal and Fluid Science, 2017, 84: 266 - 278.

[15] Algawair W, Iacovides H, Kounadis D, et al. Experimental assessment of the effects of prandtl number and of a guide vane on the thermal development in a ribbed square - ended U - bend[J]. Experimental Thermal and Fluid Science, 2007, 32(2):670 - 681.

[16] Liou T M, Chen S H. Turbulent heat and fluid flow in a passage disturbed by detached perforated ribs of different heights[J]. International Journal of Heat and Mass Transfer, 1998, 41(12):1795 - 1806.

[17] Kukreja R T, Lau S C. Distributions of local heat transfer coefficient on surfaces with solid and perforated ribs[J]. Journal of Enhanced Heat Transfer, 1998, 5(1):9 - 21.

[18] Sara O N, Pekdemir T, Yapici S, et al. Heat - transfer enhancement in a channel flow with perforated rectangular blocks[J]. International Journal of Heat and Fluid Flow, 2001, 22(5):509 - 518.

[19] Buchlin J M. Convective heat transfer in a channel with perforated ribs[J]. International Journal of Thermal Sciences, 2002, 41(4):332 - 340.

[20] Chamoli S. ANN and RSM approach for modeling and optimization of designing parameters for a V down perforated baffle roughened rectangular channel[J]. Alexandria Engineering Journal, 2015, 54(3):429 - 446.

[21] Sahel D, Ameur H, Benzeguir R, et al. Enhancement of heat transfer in a rectangular channel with perforated baffles[J]. Applied Thermal Engineering, 2016, 101:156 - 164.

[22] Hasanpour A, Farhadi M, Sedighi K. Experimental heat transfer and pressure drop study on typical, perforated, V - cut and U - cut twisted tapes in a helically corrugated heat exchanger[J]. International Communications in Heat and Mass Transfer, 2016, 71:126 - 136.

[23] Kumar A, Chamoli S, Kumar M, et al. Experimental investigation on thermal performance and fluid flow characteristics in circular cylindrical tube with circular perforated ring inserts[J]. Experimental Thermal and Fluid Science, 2016, 79:168 - 174.

[24] Kumar R, Kumar A, Chauhan R, et al. Comparative study of effect of various blockage arrangements on thermal hydraulic performance in a roughened air passage[J]. Renewable and Sustainable Energy Reviews, 2018, 81:447 - 463.

[25] Wongcharee K, Changcharoen W, Eiamsa - ard S. Numerical investigation of flow friction and heat transfer in a channel with various shaped ribs mounted on two opposite ribbed walls[J]. International Journal of Chemical Reactor Engineering, 2011, 9(1).

[26] Kim D H, Lee B J, Park J S, et al. Effects of inlet velocity profile on flow and heat transfer in the entrance region of a ribbed channel[J]. International Journal of Heat and Mass Transfer, 2016, 92:838 - 849.

[27] Ravi B V, Singh P, Ekkad S V. Numerical investigation of turbulent flow and heat transfer in two - pass ribbed channels[J]. International Journal of Thermal Sciences, 2017, 112:31 - 43.

[28] Alkhamis N Y, Rallabandi A P, Han J C. Heat transfer and pressure drop correlations for square

channels with v – shaped ribs at high reynolds numbers[J]. Journal of Heat Transfer,2011,133(11):111901.

[29] Sunden B. Numerical simulation of turbulent convective heat transfer in square ribbed ducts[J]. Numerical Heat Transfer:Part A:Applications,2000,38(1):67 – 88.

[30] Lin Y L, Shih T I P, Stephens M A, et al. A numerical study of flow and heat transfer in a smooth and ribbed U – duct with and without rotation[J]. Journal of Heat Transfer,2001,123(2):219 – 232.

[31] Gao T,Zhu J,Liu C,et al. Numerical study of conjugate heat transfer of steam and air in high aspect ratio rectangular ribbed cooling channel[J]. Journal of Mechanical Science and Technology, 2016,30:1431 – 1442.

[32] Marocco L,Franco A. Direct numerical simulation and RANS comparison of turbulent convective heat transfer in a staggered ribbed channel with high blockage[J]. Journal of Heat Transfer, 2017,139(2):021701.

[33] Liu J,Hussains,Wang W. Experimental and numerical investigations of heat transfer and fluid flow in a rectangular channel with perforated ribs [J]. International Communications in Heat and Mass Transfer,2021,121:105083.

[34] Liu J,Hussain S,Wang W,et al. Heat transfer enhancement and turbulent flow in a rectangular channel using perforated ribs with inclined holes [J]. Journal of Heat Transfer, 2019, 141 (4):041702.

[35] Liu J,Xie G,Sunden B,et al. Enhancement of heat transfer in a square channel by roughened surfaces in rib – elements and turbulent flow manipulation [J]. International Journal of Numerical Methods for Heat and Fluid Flow,2017,27(7):1571 – 1595.

[36] Zhang G,Liu J,Sundén B,et al. Combined experimental and numerical studies on flow characteristic and heat transfer in ribbed channels with vortex generators of various types and arrangements [J]. International Journal of Thermal Sciences,2021,167:107036.

[37] Li X,Xie G,Liu J,et al. Parametric study on flow characteristics and heat transfer in rectangular channels with strip slits in ribs on one wall[J]. International Journal of Heat and Mass Transfer, 2020,149:118396.

[38] Xie G,Liu J,Zhang W,et al. Numerical prediction of turbulent flow and heat transfer enhancement in a square passage with various truncated ribs on one wall[J]. Journal of heat transfer, 2014,136(1):011902.

[39] Spalart P R. Comments on the feasibility of LES for Wings and on the hybrid RANS/LES approach [C]//Proceedings of the First AFOSR International Conference on DNS/LES, 1997. 1997:137 – 147.

[40] Gritskevich M S,Garbaruk A V,Schütze J,et al. Development of DDES and IDDES formulations for the $k-\omega$ shear stress transport model[J]. Flow,turbulence and combustion,2012,88:431 – 449.

[41] Shur M L,Spalart P R,Strelets M K,et al. A hybrid RANS – LES approach with delayed – DES and wall – modelled LES capabilities [J]. International Journal of Heat and Fluid Flow,2008,29(6):1638 – 1649.

[42] Spalart P R, Deck S, Shur M L, et al. A new version of detached – eddy simulation, resistant to ambiguous grid densities[J]. Theoretical and Computational Fluid Dynamics, 2006, 20:181 – 195.

[43] Bogard D G, Thole K A. Gas turbine film cooling[J]. Journal of Propulsion and Power, 2006, 22(2):249 – 270.

[44] Liu J, Xu M, Xi W, et al. Numerical investigations of endwall film cooling design of a turbine vane using four – holes pattern[J]. International Journal of Numerical Methods for Heat & Fluid Flow, 2021, 32(6):2177 – 2197.

[45] Ito S, Goldstein R J, Eckert E R G. Film cooling of a gas turbine blade[J]. Journal of Engineering for Power, 1978, 100(3):476 – 481.

[46] Ekkad S, Han J C. A review of hole geometry and coolant density effect on film cooling[C]// Heat Transfer Summer Conference. American Society of Mechanical Engineers, 2013, 55492:V003T20A003.

[47] Bunker R S. A review of shaped hole turbine film – cooling technology[J]. Journal of Heat Transfer, 2005, 127(4):441 – 453.

[48] Zhang G, Liu J, Sunden B, et al. Comparative study on the adiabatic film cooling performances with elliptical or super – elliptical holes of various length – to – width ratios [J]. International Journal of Thermal Sciences, 2020, 153:106360.

[49] Zhang G, Liu J, Sundén B, et al. Improvements of the adiabatic film cooling by using two – row holes of different geometries and arrangements[J]. Journal of Energy Resources Technology, 2020, 142(12):122101.

[50] Ghosh K, Goldstein R J. Effect of inlet skew on heat/mass transfer from a simulated turbine blade [C]//Turbo Expo: Power for Land, Sea, and Air. 2011, 54655:1677 – 1687.

[51] Shiau C C, Sahin I, Wang N, et al. Turbine vane endwall film cooling comparison from five film – hole design patterns and three upstream leakage injection angles[C]//Turbo Expo: Power for Land, Sea, and Air. American Society of Mechanical Engineers, 2018, 51104:V05CT19A005.

[52] Friedrich S. Endwall film – cooling in axial flow turbines [D]. University of Cambridge, 1997.

[53] Sinha A K, Bogard D G, Crawford M E. Film – cooling effectiveness downstream of a single row of holes with variable density ratio[J]. Journal of Turbomachinery, 1991, 113(3):442 – 449.

[54] Haas W, Rodi W, Schoenung B. The influence of density difference between hot and coolant gas on film cooling by a row of holes: predictions and experiments[J]. Journal of Turbomachinery, 1992, 114(4):747 – 755.

[55] Ligrani P M, Wigle J M, Jackson S W. Film – cooling from holes with compound angle orientations: Part 2—Results downstream of a single row of holes with 6d spanwise spacing[J]. Journal of Heat Transfer, 1994, 116(2):353 – 62.

[56] Goldstein R J, Jin P. Film cooling downstream of a row of discrete holes with compound angle [C]//Turbo Expo: Power for Land, Sea, and Air. American Society of Mechanical Engineers, 2000, 78569:V003T01A054.

[57] Lutum E, Johnson B V. Influence of the hole length – to – diameter ratio on film cooling with cylindrical holes[C]//Turbo Expo: Power for Land, Sea, and Air. American Society of Mechanical Engineers, 1998, 78651:V004T09A001.

[58] Zuniga H A, Kapat J S. Effect of increasing pitch-to-diameter ratio on the film cooling effectiveness of shaped and cylindrical holes embedded in trenches[C]//Turbo Expo: Power for Land, Sea, and Air. 2009, 48845: 863-872.

[59] Colban W F, Thole K A, Bogard D. A film-cooling correlation for shaped holes on a flat-plate surface[J]. Journal of Turbomachinery, 2011, 133(1): 011002.

[60] Chen A F, Li S J, Han J C. Film cooling for cylindrical and fan-shaped holes using pressure-sensitive paint measurement technique[J]. Journal of Thermophysics and Heat Transfer, 2015, 29(4): 775-784.

[61] Zhang G, Liu J, Sunden B, et al. On the improvement of film cooling performance using tree-shaped network holes: A comparative study [J]. Numerical Heat Transfer, Part A: Applications, 2018: 1-18.

[62] Jabbari M Y, Goldstein R J. Adiabatic wall temperature and heat transfer downstream of injection through two rows of holes[J]. Journal of Engineering for Power, 1978, 100(2): 303-307.

[63] Jubran B, Brown A. Film cooling from two rows of holes inclined in the streamwise and spanwise directions [J]. Journal of Engineering for Gas Turbines and Power, 1985, 107(1): 84-91.

[64] Sinha A K, Bogard D G, Crawford M E. Gas turbine film cooling: Flowfield due to a second row of holes[C]//Turbo Expo: Power for Land, Sea, and Air. American Society of Mechanical Engineers, 1990, 79078: V004T09A011.

[65] Ligrani P M, Wigle J M, Ciriello S, et al. Film-cooling from holes with compound angle orientations: part 1—results downstream of two staggered rows of holes with 3d spanwise spacing[J]. Journal of Heat Transfer, 1994, 116(2): 341-52.

[66] Jubran B A, Maiteh B Y. Film cooling and heat transfer from a combination of two rows of simple and/or compound angle holes in inline and/or staggered configuration[J]. Heat and Mass Transfer, 1999, 34(6): 495-502.

[67] Jubran B A, Al-Hamadi A K, Theodoridis G. Film cooling and heat transfer with air injection through two rows of compound angle holes[J]. Heat and Mass Transfer, 1997, 33(1-2): 93-100.

[68] Dittmar J, Schulz A, Wittig S. Assessment of various film cooling configurations including shaped and compound angle holes based on large scale experiments[C]//Turbo Expo: Power for Land, Sea, and Air. 2002, 36088: 109-118.

[69] Natsui G, Little Z, Kapat J S, et al. Adiabatic film cooling effectiveness measurements throughout multirow film cooling arrays[J]. Journal of Turbomachinery, 2017, 139(10): 101008.

[70] Granser D, Schulenberg T. Prediction and measurement of film cooling effectiveness for a first-stage turbine vane shroud[C]//Turbo Expo: Power for Land, Sea, and Air. American Society of Mechanical Engineers, 1990, 79078: V004T09A020.

[71] Burd S W, Simon T W. Effects of slot bleed injection over a contoured endwall on nozzle guide vane cooling performance: part I—Flow field measurements[C]//Turbo Expo: Power for Land, Sea, and Air. American Society of Mechanical Engineers, 2000, 78569: V003T01A007.

[72] Oke R A, Simon T W, Burd S W, et al. Measurements in a turbine cascade over a contoured endwall: discrete hole injection of bleed flow [C]//Turbo Expo: Power for Land, Sea, and Air. American Society of Mechanical Engineers, 2000, 78569: V003T01A022.

[73] Oke R, Simon T, Shih T, et al. Measurements over a film-cooled, contoured endwall with various coolant injection rates[C]//Turbo Expo: Power for Land, Sea, and Air. American Society of Mechanical Engineers, 2001, 78521: V003T01A025.

[74] Zhang L J, Jaiswal R S. Turbine nozzle endwall film cooling study using pressure-sensitive paint [J]. Journal of Turbomachinery, 2001, 123(4): 730-738.

[75] Knost D G, Thole K A. Adiabatic effectiveness measurements of endwall film-cooling for a first stage vane[C]//Turbo Expo: Power for Land, Sea, and Air. 2004, 41685: 353-362.

[76] Shiau C C, Chen A F, Han J C, et al. Full-scale turbine vane endwall film-cooling effectiveness distribution using pressure-sensitive paint technique[J]. Journal of Turbomachinery, 2016, 138(5): 051002.

[77] Hussain S, Liu J, Sunden B. Study of effects of axisymmetric endwall contouring on film cooling/heat transfer and secondary losses in a cascade of first stage nozzle guide vane[J]. applied thermal engineering, 2019, 168: 114844.

[78] Du W, Luo L, Wang S, et al. Effect of the broken rib locations on the heat transfer and fluid flow in a rotating latticework duct[J]. Journal of Heat Transfer, 2019, 141(10): 102102.

[79] Praisner T J, Smith C R. The dynamics of the horseshoe vortex and associated endwall heat transfer—part II: time-mean results[J]. Journal of Turbomachinery-Transactions of the Asme, 2006, 128(4): 755-762.

[80] Langston L S. Crossflows in a turbine cascade passage[J]. Journal of Engineering for Power, 1980: 866-874.

[81] Sundaram N, Thole K A. Film-cooling flowfields with trenched holes on an endwall[J]. Journal of Turbomachinery, 2009, 131(4): 041007.

[82] 苏杭,浦健,王位,等. 一种降低端壁温度的离散气膜孔布置[J]. 工程热物理学报, 2018, 39(12): 2620-2626.

[83] Liu J, Du W, Hussain S, et al. Endwall film cooling holes design upstream of the leading edge of a turbine vane[J]. Numerical Heat Transfer, Part A: Applications, 2020, 79(3): 222-245.

[84] Liu J, Du W, Zhang G, et al. Design of full-scale endwall film cooling of a turbine vane[J]. Journal of Heat Transfer, 2020, 142(2): 022201.

[85] 陶志,武晓龙,祝培源,等. 非轴对称端壁造型对叶片端壁气热性能影响的研究[J]. 推进技术, 2019(8): 1734-1742.

[86] Krewinkel R. A review of gas turbine effusion cooling studies[J]. International Journal of Heat and Mass Transfer, 2013, 66: 706-722.

[87] Friedrichs S, Hodson H P, Dawes W N. Distribution of film-cooling effectiveness on a turbine endwall measured using the ammonia and diazo technique[M]. Houston, Texas American Society of Mechanical Engineers, 1995.

[88] Boeing G. Visual analysis of nonlinear dynamical systems: chaos, fractals, self-similarity and the limits of prediction[J]. Systems, 2016, 4(4): 37.

[89] Gouyet J F, Bug A L R. Physics and fractal structures[J]. American Journal of Physics, 1997, 65(7): 676-677.

[90] Mandelbrot B B, Wheeler J A. The fractal geometry of nature[J]. American Journal of Physics,

1983,51(3):286-287.

[91] Mandelbrot B B. A fractal set is one for which the fractal(Hausdorff – Besicovitch) dimension strictly exceeds the topological dimension[J]. Fractals and Chaos,2004.

[92] Krapivsky P L,Ben – Naim E. Multiscaling in stochastic fractals[J]. Physics Letters A,1994, 196(1-2):168-172.

[93] Hassan M K,Rodgers G J. Models of fragmentation and stochastic fractals[J]. Physics Letters A, 1995,208(1-2):95-98.

[94] Liu J,Wang J,Hussain S,et al. Application of fractal theory in the arrangement of truncated ribs in a rectangular cooling channel(4:1) of a turbine blade[J]. Applied Thermal Engineering, 2018,139:488-505.

[95] Zhang G,Sundén B,Xie G. Combined experimental and numerical investigations on heat transfer augmentation in truncated ribbed channels designed by adopting fractal theory[J]. International Communications in Heat and Mass Transfer,2021,121:105080.

[96] Wang C,Cheng Y,Yi M,et al. Threshold pressure gradient for helium seepage in coal and its application to equivalent seepage channel characterization[J]. Journal of Natural Gas Science and Engineering,2021,96:104231.

[97] Yang S. Fractal study on the heat transfer characteristics in the rough microchannels[J]. Fractals,2021,29(05):2150118.

[98] Yu M,Diallo T M O,Zhao X,et al. Analytical study of impact of the wick's fractal parameters on the heat transfer capacity of a novel micro – channel loop heat pipe[J]. Energy,2018,158: 746-759.

[99] Gao F,Liu J,Wang J G,et al. Impact of micro – scale heterogeneity on gas diffusivity of organic – rich shale matrix[J]. Journal of Natural Gas Science and Engineering,2017,45:75-87.

[100] Qi B,Wang Y,Wei J,et al. Nucleate boiling heat transfer model based on fractal distribution of bubble sizes[J]. International Journal of Heat and Mass Transfer,2019,128:1175-1183.

[101] Zou M,Yu B,Cai J,et al. Fractal model for thermal contact conductance[J]. Journal of Heat Transfer,2008,130(10),101301.

[102] Yu D,Qi S,Niu B,et al. Analysis of effective thermal conductivity for circular tubes made with porous media based on fractal theory[J]. Journal of Heat Transfer,2022,51(2):1900-1917.

[103] Yang A,Xiong Y,Liu L. Fractal characteristics of dendrite and cellular structure in nickel – based superalloy at intermediate cooling rate[J]. Science and Technology of Advanced Materials,2001,2(1):101-103.

[104] Liu D,Zhou W,Wu J,et al. Fractal characterization of graphene oxide nanosheet[J]. Materials Letters,2018,220:40-43.

[105] Han B,Chu J. Simulation of petrol engine rich oxygen combustion process based on CFD numerical software and turbulence fractal theory[J]. International Journal of Digital Content Technology and Its Applications,2013,7(2):740.

[106] Sabdenov K O,Min'kov L L. On the fractal theory of the slow deflagration – to – detonation transition in gases[J]. Combustion,Explosion and Shock Waves,1998,34(1):63-71.

[107] Sabdenov K O. Fractal theory of transition of slow burning to detonation in gases[J]. Combus-

tion,Explosion and Shock Waves,1995,31(6):705-710.

[108] Tomizuka T,Kuwana K,Mogi T,et al. A study of numerical hazard prediction method of gas explosion[J]. International Journal of Hydrogen Energy,2013,38(12):5176-5180.

[109] Salvadori S,Ottanelli L,Jonsson M,et al. Investigation of high-pressure turbine endwall film-cooling performance under realistic inlet conditions[J]. Journal of Propulsion and Power,2012,28(4):799-810.

[110] Wen F,Hou R,Luo Y,et al. Study on leading-edge trenched holes arrangement under real turbine flow conditions[J]. Engineering Applications of Computational Fluid Mechanics,2021,15(1):781-797.

[111] Deng Q,Wang H,He W,et al. Cooling characteristic of a wall jet for suppressing crossflow effect under conjugate heat transfer condition[J]. Aerospace,2022,9(1):29.

[112] Bai B,Li Z,Li J,et al. The effects of axisymmetric convergent contouring and blowing ratio on endwall film cooling and vane pressure side surface phantom cooling performance[J]. Journal of Engineering for Gas Turbines and Power,2022,144(2):021020.

[113] Sala F,Invernizzi C M. Low temperature Stirling engines pressurised with real gas effects[J]. Energy,2014,75:225-236.

[114] Sala F,Invernizzi C,Garcia D,et al. Preliminary design criteria of stirling engines taking into account real gas effects[J]. Applied Thermal Engineering,2015,89:978-989.

[115] Niazmand A,Farzaneh-Gord M,Deymi-Dashtebayaz M. Exergy analysis and entropy generation of a reciprocating compressor applied in CNG stations carried out on the basis models of ideal and real gas[J]. Applied Thermal Engineering,2017,124:1279-1291.

[116] Raman S K,Kim H D. Solutions of supercritical CO_2 flow through a convergent-divergent nozzle with real gas effects[J]. International Journal of Heat and Mass Transfer,2018,116:127-135.

[117] Zhang H W,He Y L,Tao W Q. Numerical study on liquid-film cooling at high pressure[J]. Numerical Heat Transfer,Part A:Applications,2010,58(3):163-186.

[118] Florio L A. Effect of gas equation of state on CFD predictions for ignition characteristics of hydrogen escaping from a tank[J]. International Journal of Hydrogen Energy,2014,39(32):18451-18471.

[119] Nematollahi O,Nili-Ahmadabadi M,Kim K C. The influence of cubic real-gas equations of state in the supersonic regime of dense gases[J]. Journal of Mechanical Science and Technology,2020,34:1581-1589.

[120] Yuan F,Zeng Y,Khoo B C. A new real-gas model to characterize and predict gas leakage for high-pressure gas pipeline[J]. Journal of Loss Prevention in the Process Industries,2022,74:104650.

[121] Song W,Yao J,Ma J,et al. A pore structure based real gas transport model to determine gas permeability in nanoporous shale[J]. International Journal of Heat and Mass Transfer,2018,126:151-160.

[122] Tschierske C. Non-conventional liquid crystals—the importance of micro-segregation for self-organisation[J]. Journal of Materials Chemistry,1998,8(7):1485-1508.

[123] Schlichting H,Gersten K,Krause E,et al. Boundary-layer theory [M]. Berlin Springer,2016.

[124] Lienhard J H. A heat transfer textbook [M]. Chelmsford, Massach-usetts Courier Corporation, 2013.

[125] Moffat R J. Describing the uncertainties in experimental results[J]. Experimental Thermal and Fluid Science,1988,1(1):3-17.

[126] 张雯,刘沛清,郭昊,等.湍流转捩工程预报方法研究进展综述[J].实验流体力学,2014,28(6):1-12.

[127] 严家祥,余斌.三维不可压缩层流,转捩,湍流边界层的数值计算[J].空气动力学学报,1991,9(2):265-269.

[128] 北京大学湍流工作小组.湍流理论简述[J].力学情报,1973,(03):4-14.

[129] 佘振苏,唐帆,肖梦娟.面向精准工程湍流模型的理论研究[J].空气动力学学报,2019,37(1):1-18.

[130] 颜大椿.周培源湍流理论及其重大应用[J].中国科学:物理学,力学,天文学,2013,43(9):1011-1014.

[131] 王铎,刘超群,蔡小舒,等.基于流动仿真大数据应对漩涡-湍流的研究进展[J].力学季刊,2022,43(2),197-216.

[132] 陈林烽.基于Navier-Stokes方程残差的隐式大涡模拟有限元模型[J].力学学报,2020,52(5):1314-1322.

[133] 李蒙,涂正光,徐晶磊.高雷诺数槽道湍流的壁面模化大涡模拟研究[J].航空动力学报,2015,30(11):2705-2712.

[134] 黄圳,李增耀,孙敬文.非均匀热流下水平管内混合对流大涡模拟研究[J].热科学与技术,2019,18(5):345-355.

[135] 钱潇如,张祎,韩万金,等.基于OpenFOAM的带肋双通道扰流冷却大涡模拟[J].汽轮机技术,2016,58(3):184-186.

[136] 谢宝林,邵亮.基于涡方法生成大涡模拟进口条件的数值计算[J].北京航空航天大学学报,2015,41(4):701-706.

[137] 曹长敏,叶桃红.超声速H_2/Air湍流扩散燃烧RANS数值模拟[J].推进技术,2015,36(1):89-96.

[138] Moureh J, Yataghene M. Large-eddy simulation of an air curtain confining a cavity and subjected to an external lateral flow[J]. Computers and Fluids,2017,152:134-156.

[139] 宋汉奇,张恺玲,马鸣.DES与DDES在湍流分离中的原理研究与性能分析[J].北京航空航天大学学报,2022:1-16.

[140] 李萍,徐中慧,李娜.雷诺实验的COMSOL_Multiphysics模拟[J].系统仿真技术,2018,14(3):169-171.

[141] Dorney D J, Sharma O P. Evaluation of flow field approximations for transonic compressor stages [J]. 1997,199(3):445-451.

[142] 邵杰,李晓花,郭振江,等.不同湍流模型在管道流动数值模拟中的适用性研究[J].化工设备与管道,2016,53(4):66-71.

[143] Kabardin I K, Yavorsky N I, Meledin V G, et al. Determining experimental applicability limits of Spalart-Almares turbulent model and Reynolds stresses transfer model at mass transfer intensification in rotary-divergent controlled flows[C]//Journal of Physics: Conference Series. IOP

Publishing,2019,1359(1):012096.
[144] 雷林,王智祥,孙鹏,等.计算流体力学k-ε二方程湍流模型应用研究[J].船舶工程,2010,32(3):5-8.
[145] 章光华.低雷诺数k-ε封闭模式在三维湍流边界层计算中的应用[J].空气动力学学报,1989,7(3):263-272.
[146] 吕代龙,陈少松,周航,等.基于转捩SST模型凸起圆柱绕流数值研究[J].气体物理,2022,7(1):22-29.
[147] 雷娟棉,谭朝明.基于Transition SST模型的高雷诺数圆柱绕流数值研究[J].2017,43(02):207-217.
[148] 曾宇,汪洪波,孙明波等.SST湍流模型改进研究综述[J].航空学报,2023,44(09):103-134.
[149] 舒博文,杜一鸣,高正红,等.典型航空分离流动的雷诺应力模型数值模拟[J].航空学报,2022,43(10):487-502.
[150] 张雅,刘淑艳,王保国.雷诺应力模型在三维湍流流场计算中的应用[J].航空动力学报,2005,(04):572-576.
[151] Wang C,Wang L,Sundén B. Heat transfer and pressure drop in a smooth and ribbed turn region of a two-pass channel[J]. Applied Thermal Engineering,2015,85:225-233.
[152] Wang C,Luo L,Wang L,et al. Effects of vortex generators on the jet impingement heat transfer at different cross-flow Reynolds numbers[J]. International Journal of Heat and Mass Transfer,2016,96:278-286.
[153] Ligrani P M,Oliveira M M,Blaskovich T. Comparison of heat transfer augmentation techniques[J]. AIAA Journal,2003,41(3):337-362.
[154] Ligrani P. Heat transfer augmentation technologies for internal cooling of turbine components of gas turbine engines[J]. International Journal of Rotating Machinery,2013,2013:275653.
[155] Wang L. Experimental studies of separated flow and heat transfer in a ribbed channel[D]. PhD Thesis,Lund University,Sweden,2007.
[156] Wang C. Experimental study of outlet guide vane heat transfer and gas turbine internal cooling[D]. Sweden:PhD Thesis,Lund University,2016.
[157] Liu J. Investigation of heat transfer and fluid flow in the pocket region of a gas turbine engine and cooling of a turbine blade[M]. Division of Heat Transfer,Department of Energy Sciences,Faculty of Engineering,Lund University,2019.
[158] Menter F,Ferreira J C,Esch T,et al. The SST turbulence model with improved wall treatment for heat transfer predictions in gas turbines. Gas Turnine Congress(International)Proceedings[C]. Tokyo. Paper,2003(IGTC2003):059.
[159] Xiao L,Xiao Z,Duan Z,et al. Improved-delayed-detached-eddy simulation of cavity-induced transition in hypersonic boundary layer[J]. International Journal of Heat and Fluid Flow,2015,51:138-150.
[160] Jeong J,Hussain F. On the identification of a vortex[J]. Journal of Fluid Mechanics,1995,285:69-94.
[161] Menter F R. Two-equation eddy-viscosity turbulence models for engineering applications[J].

AIAA Journal,1994,32(8):1598 – 1605.
[162] Singh P,Ravi B V,Ekkad S V. Experimental and numerical study of heat transfer due to developing flow in a two – pass rib roughened square duct[J]. International Journal of Heat and Mass Transfer,2016,102:1245 – 1256.
[163] Azad G S,Uddin M J,Han J C,et al. Heat transfer in a two – pass rectangular rotating channel with 45 – deg angled rib turbulators[J]. Journal of Turbomachinery,2002,124(2):251 – 259.
[164] Kaewchoothong N,Maliwan K,Takeishi K,et al. Effect of inclined ribs on heat transfer coefficient in stationary square channel[J]. Theoretical and Applied Mechanics Letters,2017,7(6):344 – 350.
[165] Haller G. An objective definition of a vortex[J]. Journal of Fluid Mechanics,2005,525:1 – 26.
[166] Lynch S P,Thole K A. The effect of combustor – turbine interface gap leakage on the endwall heat transfer for a nozzle guide vane[J]. Journal of Turbomachinery,2008,130(4),041019.
[167] Kang M B,Kohli A,Thole K A. Heat transfer and flowfield measurements in the leading edge region of a stator vane endwall[J]. Journal of Turbomachinery,1999,121(3),558 – 568.
[168] Knost D G. Predictions and measurements of film – cooling on the endwall of a first stage vane [D]. Blacksburg:Virginia Polytechnic Institute and State University,2003.
[169] Knost D G,Thole K A. Adiabatic effectiveness measurements of endwall film – cooling for a first – stage vane[J]. Journal of Turbomachinery,2005,127(2):297 – 305.
[170] Roy R P,Squires K D,Gerendas M,et al. Flow and heat transfer at the hub endwall of inlet vane passages—experiments and simulations [C]//Turbo Expo: Power for Land, Sea, and Air. American Society of Mechanical Engineers,2000,78569:V003T01A006.
[171] Shiau C C,Sahin I,Wang N,et al. Turbine vane endwall film cooling comparison from five film – hole design patterns and three upstream injection angles[J]. Journal of Thermal Science and Engineering Applications,2019,11(3):031012.
[172] Poling B E,Prausnitz J M,O'connell J P. Properties of gases and liquids[M]. McGraw – Hill Education,2001.